rules

精减物品的
简单生活法则

朝日新闻出版 编

袁璟 译

广西师范大学出版社

· 桂林 ·

目　录

[注意事项]

* 本书登载的住家均为私人住宅，拍摄物品均为私人物品。即便标注了持有者于何处购买，现在也有可能已经无法买到，请予以理解。

* 本书登载的住宅，出于生活便利性及安全性的考量，经个人判断后实施空间改造方案。将其作为参考样本，对自宅空间进行改造时，请务必结合自身状况，对安全性及实用性进行充分考量，自行判断是否实施。

* 本书登载的数据皆为采访时的数据。

前　言

不知从何时起，"简单生活"成了令人向往的词。

原本，想买就买，随心所欲，

拥有大量物品，才是富足的象征，

但如今人们为什么希望过简单生活呢？

在这本书中，我们展示了十七位受访者的简单生活。

认真细致地倾听他们的故事后发现，

与其说他们是刻意以"简单"为目标，

不如说是在探索让自己心情畅快的轻松生活时，

一步一步获得了这份简单。

换言之，简单并不是"目标"，

而是这种人性化的、愉快生活的"结果"。

或许正因如此，人们才开始憧憬简单生活。

通过采访，我们还明白了另一件事情，

他们都是从直面自己内心出发的：

"自己"喜欢什么？

什么样的状态让"家人"心情愉快？

直面这些问题，找到自己的答案，简单生活便开启了。

单纯用扔东西处理杂乱的做法，长久以来备受关注，

但是，仅仅以此为目的，并无法打造简单生活。

首先，明确自己喜欢的东西、家人喜欢的生活方式，

才是重要的。

期盼本书能够成为您开始寻求答案的契机，

给您一些启示从而助您开始自己的简单生活。

简单生活的"最初一步"

我们试着从本书登场人物的简单生活中获取灵感，

甄选出一些易于效仿的法则，当作"第一步"。

从易于把握的事情出发，一点一点地前进。

通往简单生活的道路，就始于这最初的一步。

最初一步 法则 1
认准自己喜欢的、感到放松的颜色，
以这种颜色为中心思考室内设计。

颜色种类越少越让人觉得简单。所以，首先要找准自己喜欢的颜色，认定自己家里需要的颜色，除此以外的颜色则尽量减少，简单生活就此开始。如果不是自己已经确定的颜色，就不要带进家里，或者将它们遮盖起来，还可以将原来的包装除去，用别的颜色替代。一开始就做到百分之百是不可能的，所以最好先从家中某个区域开始，觉得可以继续坚持，再慢慢地扩大范围。

最初一步 法则 2
试想一下那些被塞满的空间里，
是否都放着真正"喜欢"的物品？

如果家中某个区域堆满东西让人难受，那就要将其中一些物品拿在手中，好好考虑一下自己是否真的"喜欢"。不论是每天都用到的物品还是已经收纳起来的物品，以自己真正喜欢为标准来考量一番，"以后是否还要继续持有"这个问题，答案便会显而易见。"这个，还喜欢吗？"这样追问自己，是接近简单生活的必要步骤。

最初一步 法则 3
试着把家里已有的日用品存货全都用光。

便宜的时候会集中购买很多面巾纸、卫生纸、牙刷……任何一种在用光之前都不要再添置。试试这样的挑战，如何？用一种游戏的心态给自己定规矩，卫生纸到最后一卷为止都不要购置等等。在用完前的这段时间里，自然而然地加以注意，就会明白日后存多少比较合适。

最初一步 法则 4
赠品、附送的物品当场就要拒绝。

赠送的洗碗用海绵、因"×周年的礼物"而赠送的环保袋……因为"反正都是免费的，先要了吧……"这样的心态而不断增加的物品，都不如自己惯用的东西方便，结果就闲置着一直不用，或者因为是便宜货而束之高阁。这样拖拖拉拉的结果就是让没用的东西一直留着。如果不擅长扔东西的话，可以试着说出"不需要"来拒绝一次，或许就能离简单生活更近一点。

简单生活的
"最初一步"

最初一步 法则 5
在架子或者柜子上，
有意识地腾出什么东西都不放的空间。

想要把家里布置得简单素朴，绝不可能一蹴而就。一开始，可以先试着在架子或者收纳柜上腾出一些什么东西都不放的空间。这样一来，便能稍微体会到腾出空间的成就感以及简单生活带来的好心情，就会想要更简单，于是一种良性循环便产生了。一天中哪怕只有一次，让桌面和水槽等处保持空无一物的状态，也是很有效果的。

最初一步 法则 6
只用食盐调味，试着用家里现有的调味料进行混合调味，
而不用专门的"调味料"来烹制菜肴。

如果片面地断定"火锅就需要加火锅料""肉菜就需要加点牛排酱""沙拉需要各种各样的沙拉酱"，冰箱和食品柜里的东西只会不断增加。也许只要加盐就已经足够美味了。沙拉酱也好，酱汁也好，只要把家里有的调味品混合着用就可以轻松实现，做一下试试看吧。一旦体会到这种菜肴的美味，就能够让自己的饮食生活变简单。

最初一步 法则 7

把调味品、罐头、干货、冷冻食品全都用光，试着挑战一下新的菜肴。

暂时不去购物，充分开动脑筋，只用冷藏柜、冷冻柜、食品柜里的东西来烹制菜肴。或许会在冷冻柜里发现早已被遗忘了的食材，只用那时购买的蔬菜和罐头，就能烹制出让人想反复制作的美味佳肴。不仅厨房变得清清爽爽，还能减少囤积不必要的食材，熟练掌握新的菜谱，就会实现良好的效果。

最初的一步 法则 8

书写用具、烹调用品等，把用途相同的东西全都取出来排列在一起。

把家里的圆珠笔、铅笔、蜡笔等书写用具全都找出来，摆放在桌子上。不仅是笔筒，要把每个角落全都找一遍。另外，把煮锅、平底锅、铁壶等烹调用具也都找出来试试。包括那些沉睡在箱底的东西，全都翻出来。建议用和孩子、家人一起寻宝的感觉去寻找这些物品。找出来排列在一起后，可能会发现这些东西多得惊人。

简单生活的
"最初一步"

最初一步 法则 9

把最近一直没穿的衣服找出来，穿一次试试，想想看怎么搭配。

实际穿上试试，好好想想为什么不穿了，再尝试一下之前从没试过的搭配组合，或许会很意外地又想穿了，让其再次成为自己的心爱之物。如果能够再次确定不穿的理由，也可以从中获得今后选服装的灵感。处理与否尚在其次，即便只是搞清当初的理由，也可以激发自己对简化衣柜进行思考。

Part 1

令人憧憬的简单生活

随笔作家、杂货店店主、花艺
教室主人等等，这些人分别在
不同领域绽放出耀眼的光芒，
我们探访了他们的简单生活。
正因为他们分别活跃于不同领
域，所以在简单之中亦有自己
的独特哲学，各自的生活状态
也都异常出色。为了从这些生
活中获得些许灵感，让我们来
听听他们的心得吧。

白色的地板和墙壁。虽然是重新修缮过的空间，但主人觉得这里简直"没有任何让人不适的地方"，称心如意地住了进来。耐人寻味的木制家具与整个空间相得益彰。

简单只是"结果"
重点在于想要心情愉悦地生活

随笔作家　广濑裕子

广濑裕子　注重对日常生活进行延伸性思考，所写的文章多是将小小的发现传达给读者。居住在镰仓。著作包括《欢迎来到这个世界》（Mile Books）、《从力所能及的事情开始吧》（文艺春秋）、《每天一点有机》（地球丸）等等。　http://hiroseyuko.com

将捡来的石头和叶子等装进旧玻璃盒，放在窗台上做装饰。

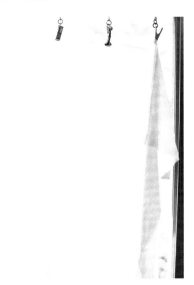

用非常喜欢的印度土布（印度的手工纺织布）做成的窗帘，无论质感还是透光度都让人心情舒畅。

广濑女士作为随笔作家，所写的大多是能让读者恍然大悟，带来生命思考、指明生活方式的文章。某天，她为自己做了一个决定，那就是要"心情愉悦地生活下去"。这并非只是抽象的愿望，而是让"心情是否愉悦"成为做任何选择的出发点，这样一来，面对人生道路上数不胜数的选择，就能简单地进行思考并做出选择。

"东西越来越少，生活变得简单舒畅，这只不过是结果而已。只要想着要心情愉悦地生活，便会慢慢变成这样的生活方式。"那么，心情愉悦地生活到底是怎样的呢？向自己抛出这个问题时，生活空间、饮食、工作，甚至是人际关系都会相应地简单起来，感觉做选择也变得容易了。

"愈接近五十岁这个年龄段，愈会切实地感到时间越来越少。因此每天的生活都应该是属于自己的人生。即便每一天都是零散的时间，但是累积起来就是我的人生，我因此意识到每一天都愉快度过有多重要。这样想问题的话，有很多东西都可以不要，能够很容易地就选择那些更为重要的东西。"

广濑女士曾经听过这样的话："如果不知道自己喜欢的咖啡味道，就冲不出自己喜欢的咖啡。"同样的，自己喜欢的生活究竟是什么样的？自己希望以什么为中心生活？如果知道了这些问题的答案，简单生活就开始了。如果仅仅是外观或者形式上的简单生活，那毫无意义，而且也无法长久保持。最重要的是问自己为什么要过简单生活。

别看广濑女士现在追随自己的感觉，过着轻松的简单生活，其实她曾经也是一个克己主义者，总是对自己说"不要做这个""应该那样"等等。但是，当她明白人终究无法坚持自己不喜欢的事情时，便开始以"这应该很有趣"的想法为优先了。"现在的我，好好吃饭，睡个好觉，与喜欢的人见面聊天，心情愉快地工作。然后，有意识地制造一个想要一直待着的空间。"尽管人生不会就这样一帆风顺，但是上面这番话正适用那些容易给自己定目标，异常认真地去完成，反而让自己辛苦不堪的人。希望有这种倾向的人，能够卸下肩上的重担，想想这句话。首先，要充实自己的内心。这是接近简单生活的方法之一，也是从广濑女士的生活样态中得到的启示。

法则 1 拒绝色彩杂乱，活用白色基调

不喜欢的东西绝不保留，这是广濑女士的基本原则。颜色同样如此，鲜艳的色彩组合会让整个空间显得杂乱，心情也会变得烦躁。可以利用白色基调，尽量减少别的颜色。

电视机会对整个空间的印象有很大影响，因此没有煞有介事地放在电视柜上，而是就这样放在地上，并且随时可以挪动。与整个白色空间也很融洽。

厨房用架子实现开放式收纳，卡其色和灰色这些让人平静的色调控制在一定程度内，白色和原木色的基调给人留下简洁的印象。

器皿大多是白色，没有彩色物品

"白色器皿可以说是百搭的，而且不会令人厌倦。"其中有一些是"Plus α"的工艺家亲手制作的。广濑女士不会在购买前做许多调查，而是只要遇到喜欢的便买回家。

避免鲜艳的包装

洗面台收纳柜的内部。化妆品是用天然材料制作的，相应地，包装设计也会很简单。唯一色彩鲜艳的是隐形眼镜护理用品的包装，使用前特意将包装纸去除了。

爱猫的餐具也是白色

本着与挑选自己物品同样的态度，挑选了爱猫Abe的餐具。在"日用日"购买的铝制盒子里放置猫粮，以遮掩色彩鲜艳的包装袋。

用怀旧传统风格装修了厨房。为了不破坏这个氛围，适当地用了一些便利的 S 钩，把必要的工具挂了起来。

只要款型和材质中意，就会挑选几个颜色都买下来。棉质的T恤和羊毛衫是在无印良品买的。「基本上都是白色、灰色、蓝色和米色。总觉得色彩强烈的衣服不会穿很久，所以几乎不买。」

如果衣服选得简单，小配饰便必不可少。妈妈给的珍珠项链等，总与我如影随形。

"每天穿的衣服都一样，就像制服，这样也挺好的吧。"挑选衣服时不用左思右想、换了又换也不用追随流行，只选择让自己心情好的衣服。连衣裙在 Indigo Planet 购买，同一款买了好几个颜色。

法则 2　了解自己的喜好，追随自己的感觉

别人看了会如何评价，或者是否流行，这些都不用管，只需确定自己是否喜欢，以这个标准去做选择才是重要的。如果是自己的"心头好"，那么就不要受他人评价和视线的干扰，只迎合自己就好。

"因为喜欢喝红茶，想要充分享受喝红茶这件事"，所以购置了很多红茶茶具。倾向于选择出水流畅的壶型，并且标上刻度，追求红茶的美味。

广濑女士从二十五岁开始决定将自己的喜好变成工作，应这样的想法坚持写作至今。这些是她出版的书籍。顺

Globe-Trotter 出品的旅行箱，也没有多余的设计，非常喜欢。外形简单且轻便，箱内

法则 3　决不过度努力地坚持"应该这样"

"因为已经决定了"而被自己设定的法则所束缚，就会过分在意已有的法则或方法论。"究竟为了什么呢？"如果向自己提出这个问题，就会发现没有必要太过坚持，心情会变得更加简单。

「像这样无所事事地度过，如果是以前的自己一定会陷入自我厌恶的情绪之中。但是现在会觉得这样的时间是必要的。」不过分努力，时不时给自己一些发呆的时间也挺好，而且自从这样想了以后，即便没能按照计划完成工作进度，也不会时喜时忧，思考方式变得简单了。

之前会严格地按照粗粮素食养生法（Macrobiotic）安排饮食，现在则很随意。晚上也喜欢吃和早饭一样的食物，简简单单的粥就好。「睡眠质量变好了，早上醒来时也很舒服。」

为了让早晨能够保持良好心情，在晚上睡觉前把桌子上的东西都收拾干净，是广濑女士的作风。「但是，做不到的时候也就作罢了。毕竟不是机器人嘛。」

15

想要一直看的东西与不想看的东西
清晰划分两者是让简单生活丰富的源泉

杂货店 Klala 店主　泷泽绿

泷泽绿　在东京三轩茶屋经营杂货店 Klala。从国内外精选各地创作者制作的器皿、生活用品、款式简单的衣物等,售卖各色为生活增加趣味的物品。
店内用原木进行装饰,营造的氛围很棒。现在夫妇二人生活在神奈川县。　http://www.klala.net

在东京郊外幽静的住宅区，夫妇二人共同生活在一幢老式公寓中。有着大玻璃窗、光线充足的起居室内，摆着两人精心挑选的家具。环顾整个房间，会发现用于收纳的空间很多，其中大部分都是整体定制的家具，根据空间进行的设计并不会向内占据屋子的空间，而是向外延伸式的感觉，在室内完全没有压迫感。

"在工作中，我们总是被大量物品包围着，因此想尽可能在家里创造干净清爽的简单空间。这套房子原本就有很多收纳空间，搬家前进行整修时，还是在卧室按照整面墙的尺寸定做了大衣柜。"泷泽女士这样说道。

即便是非常喜欢才购置的东西，也不会将它们摆在外面。这样的做法在泷泽家得到了彻底执行，因此就算是最喜欢的鞋子，也不会因不断增加而摆得到处都是，因为泷泽家的规定是"在玄关处，每个人只能放一双鞋"。衣服也一样，脱下来的外套会先挂在"临时架子"上，过一个晚上就收进衣柜中。厨房倒是例外，"为了能够方便地拿取烹饪器具，基本上都放在外面"，但还是充分利用了抽屉和餐布，整理得干净清爽。

与隐藏起来的收纳空间一样，连各式各样的包装也仔细地"隐藏"起来。"选择餐具洗洁精、洗手液、沐浴乳、柔软剂等日常用品时，产品包装不喜欢就尽量不买。本来这些东西就每天都要使用，如果不能让人心情舒畅，真的会不想用。"像浴盐或者小苏打这类东西，换一个容器装也没问题，于是便装进了大号的玻璃罐，一起放在浴室的入口处。而那些非常必要却不好看的物品，则贯彻不外露的原则，收纳起来。每天的生活就是无数这种细节累积叠加的结果。"就连这么一点"都决不妥协的习惯，才能成就心情舒畅的简单生活。

在极力打造没有多余物品出现的房间时，泷泽女士唯一允许自己摆放在外的，就是应季的鲜花和植物。每周都会到附近的花店去买一次鲜花。"在自己的娘家，父母总是会在屋里放鲜花或者盆栽，在他们的影响下，我从小就很喜欢花花草草。厨房的水槽边、地板上、玄关处、书架上……想在家里随处摆放一些植物。"

将想要一直看的东西和不想看的东西清晰地做出区分，才能创造丰富的简单生活。

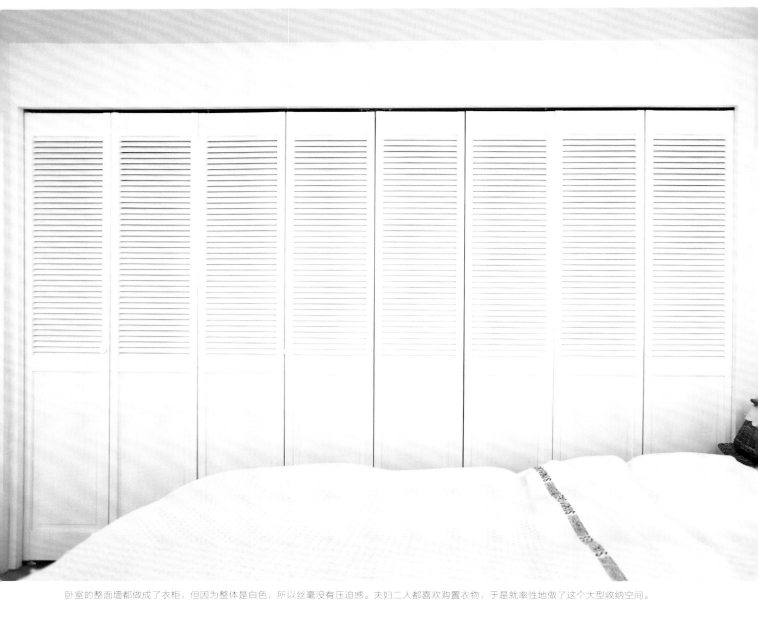

卧室的整面墙都做成了衣柜，但因为整体是白色，所以丝毫没有压迫感。夫妇二人都喜欢购置衣物，于是就率性地做了这个大型收纳空间。

法则 1　彻底执行看不见的收纳

在泷泽家，无论是衣服还是生活杂货，都绝对不少。但即便这样，还是能给人清爽简单的印象，这都源于"看不见的收纳"这一法则。只要稍稍对物品觉得不喜欢、不想看见，就会隐藏起来。

起居室的收纳空间，设计成向外伸展的构造，不占用室内空间。大门的设计也尽量显得低调，与墙壁配搭得很好。

清扫用具和餐巾纸盒等，都是生活必需品，但有些包装设计却很让人介意，于是将它们都放入喜欢的竹筐里，再用棉布遮盖起来。要用的时候，连竹筐一起拿出来。

为购自宜家的厨房手推车摆上运送红酒的木盒以代替抽屉，一些细小零碎的东西都可以放在里面，比如刀叉、餐布等等，最后再用棉布遮盖起来。

笊篱和水壶这种因形状特殊而没有特别适合的摆放场所的物品，都收纳进纸袋，放在厨房的地上。这个大号的纸袋是法国产的，之前有在 Klala 出售过。

玄关的左右两边设置了足够的空间摆放鞋子，已经养成拿一双出来穿的同时收一双进去的习惯。客人用的拖鞋则统一收纳在环保袋里，要用的时候拿出来放在门口。

法则 2　包装不合审美的物品基本不买或者自己替换

对于生活日用品，想要挑选那些让人产生使用欲望的包装。尽管似乎都是一些无足轻重的小东西，但恰恰因为小才会频繁进入视线，反而出乎意料地变得很重要。

厨房放置食材的角落，无论是味道还是外观都经过精挑细选。比如原包装，盐和砂糖等调味料和干货会转盛到看得见内容物的玻璃瓶里，这样用起来更方便。

代替沐浴露的柠檬酸、小苏打和浴盐则存放在大号的玻璃瓶里，放置在浴室附近。这样保存比原本的塑料袋包装取用方便，而且还防潮，更安心。

图中物品是美国的家居品牌 J.R.Watkins 的产品以及洗洁精 The Laundress 等等，喜欢的包装设计大多是国外的产品。特别是这些每天要用的东西，只有这种清淡的设计风格才能让人放松。

厨房两侧都有窗，光照充足。经常使用的
餐具会放在 Tsé&Tsé associées 的
餐柜中，其他器物则一并放入水槽下面的
抽屉处。

法则 3　打定主意用绿色植物作装饰，多多益善

泷泽女士非常喜爱鲜花和绿色植物。每周一定要去一次花店，带回有眼缘的当季植物。起居室一般摆放大棵的植物，其他地方则没什么规定。正因为家里非常简单，才能衬出植物的美。

左：玄关处则放了小号的花器插上应季的鲜花，回家时看到鲜花，心情一下了就舒缓了。中左：书架周围是盆栽植物的空间。两盆鹿角蕨的枝叶形态很有趣，放在了一起。中右：厨房水槽旁边放了小小的绿色盆栽。因为光照充足，长得很好。右：书架上的蝴蝶花，最初放在微波炉上，后来移到了水槽旁，随着盛开的花朵越来越少，摆放的场所也会相应地变换。

法则 4　日用品绝不囤货

洗洁精、手纸之类的生活用品很容易会在家里囤积。泷泽女士基本上会等到快用完时再去购买补充。一旦做了这样的决定，就可以防止过度购买。

花毛茛和尤加利可以随意地插在花瓶里。刚买回家的鲜花，会先放在厨房装饰。做饭或者泡茶的时候，望着它们就能体会到幸福。

洗洁精和洗手液，挤压变得不顺时再补充。因为手纸的存货不足确实挺着急的，东日本大地震的时候，但现在还是坚持不囤货。

以内心丰富为重的生活态度是成就简单生活的关键

不定期画廊"NOMADIC CIRCUS"总监　大内美生

大内美生　"为了给每天的生活增添色彩，向人们介绍充满乐趣且美丽的人、物、事"而创立了"NOMADIC CIRCUS"，以不定期展览的形式集合各个领域的创作者。夫妇二人在东京郊外生活。　http://nomadic-circus.com。

这是摄影家真野敦的作品海报，拍摄的是雕刻家兼子真一的作品，用来装饰空间。同时，当季的野草也是必不可少的。

大内女士在艺术类大学学习了空间设计，之后在建筑杂志出版社、改建公司、室内装饰商店任职，因为这些在住宅和内装相关职业的历练，她才在今天创立了不定期开放的画廊"NOMADIC CIRCUS"，并成为总监。"读书和工作时认识的朋友有很多是创作者，因此想要创造一个场所，向大家介绍那些介于有趣的手工制品和大量流通但相对少了趣味商品之间的作品，于是便开了这个画廊。"

正因为大内女士的鉴赏力达到了运作画廊的水平，她与丈夫二人共同生活的公寓，也就成了她以独到的审美眼光挑选的家具、艺术品、杂货和二手物品的展示空间。这些物品各自拥有的魅力和美感，经由她的安排更为突出，让人印象深刻。与极力减少物品的简单生活不同，对"间距"和"留白"绝妙的处理方法让整个空间显得格外清爽，简单由此而来。

"很早以前，我就特别注意间距和留白产生的美感。比如快要被旺盛的物欲征服时，就会分别想象一下有这件物品和没有这件物品的生活，自然会意识到留白的生活所具有的魅力。"大内女士这样说道。而与此同时，只要过日子，有些地方东西自然会越积越多，这时候就要确定哪些地方要尽可能减少物品摆放，哪些地方可以适度摆放，她就这样有意识地控制强弱，保持留白。

"所谓简单生活，是一种并非看重物质丰富度，而以内心是否充实为首要标准的生活态度。"有意识地按照农历二十四节气生活，吃当季的蔬菜，用野花装饰，这些尽管都不是什么大事，大内女士却因为对它们倾注心意，而让心灵得以充实，遵循自然让生活变得越来越简单。"花点时间自己动手做点东西，下些功夫改善自己的生活，这些小事积累起来，心灵也会变得更丰富。我的孩子不久就要出生了，生活应该会有很大改变吧。还是希望自己能够从变化中获得乐趣，继续坚持有着自我风格的简单生活"。

"因为想要依循日本的旧历生活"，所以选择了起居室旁边为和式房间的住宅。由于留白的存在，让这些装饰物的魅力更为凸显。

法则 1　在间距和留白中发现美

有了间距和留白，美便诞生了。有意识地在家中制造空间的留白，并且培养从中感受美的心灵，从而抑制物欲。在"无"的生活中感受美，是大内女士简单生活的开端。

起居室墙上醒目地挂着兼子真一的绘画刺绣作品。周围的留白立刻衬托出这件艺术品的魅力。

法则 2　好生活少不了努力

亲手打造，下功夫进行改善，没有一丝怠惰，自己动手、思考，
那么无需追求物质上的丰富，也能过上自己钟爱的生活。

和妹妹一起用蜜蜡制作的香薰蜡烛。"这种蜡烛能够让空间变得更为舒适。"
还放在了 Peker Chise 的店铺销售。

用 Marimekko 的布料做了窗帘，
余下的边角料做成了缠绕式的项
链。不浪费边角料，以翻新的方法
赋予它价值，这种做法很棒。

曾经非常喜欢的 Mina Perhonen
的衣服，虽然不能穿了，但是扔掉
太可惜了，便把它改造成了书套，
反而更喜欢了。

大内女士会根据时节更换装饰物，享受季节感带来的乐趣。配合正月、七夕、重阳等节气做一些小装饰，并不会花费太多工夫。

捡来的这块木板与地板之间隔开一定距离，变身为装饰架。从古董市场买来的铁制火架子则被用作装饰架的支脚。每块石头背后都有各自的故事，而正因为这个空间有着适当的留白，让它们看上去格外优美。

如果亲手制作食物，就不会添加多余的东西，从而成就简单的饮食。放置在前方的是用各种香料配制的咖喱粉，用来做最爱吃的咖喱。味噌和麦片也是自己做的。

化妆品则挑选天然原料制成的，保持简单。"在自己能接受的范围内，没有丝毫勉强。"防晒霜是 Pak Naturon 出品，妆前乳和散粉则是 Natura Glace 的产品。

对大内女士而言，塑料制品也是不自然的物品。尽管做不到完全不用塑料制品，但至少在可能的范围内尽量选择天然材质。这样一来，物品只是放置着就显得很简单。

法则 3　多余的、不自然的东西一概摈弃

食品中含有的化学调味料或防腐剂、洗洁精、基础化妆品中使用的合成成分、垃圾袋，以及不需要的包装等等，只要是多余的、不自然的东西，全部拒之门外，这也是简单生活的重要原则。

旧衣服（破布头）和用旧的牙刷可以当作清扫用具。鸡蛋壳可以用来清洗小开口的玻璃瓶内部。冰袋里的东西可以拿出来放在玄关作为除臭剂。无需购买专用的东西，用这些现成的东西即可实现简单生活。

在选择牙膏、洗发液、肥皂等日用品时，也会考虑对环境影响小、对身体比较健康、不含合成成分的物品。基本保养就只用一支荷荷巴油（Jojoba），没有必要用花样繁多的产品。

炒菜铲、饭勺还有砧板则尽量避免使用硅胶树脂或者塑料制品，都选用天然材质的东西。这样一来，不仅自己使用时能够保持好心情，烹饪时的情景也会变得很美。

用白色木箱和木板搭起来的架子被用作餐具柜，尽管摆放了很多器皿，但由于颜色和质感都差不多，故而不会显得杂乱，也不会看到那些让人感到不自然的包装，非常清爽。

法则 4　用让人安心的颜色进行统一

房间里的颜色一旦泛滥，就会让整个空间看上去很杂乱。相反，即便房
间里有很多东西，若能将颜色统一起来，整个空间依旧可以显得简单。
以白色、米色、原木色、黑色为基调，选取让人安心的颜色吧。

为了映衬卧室的白色墙面，床上用品也采用了白色与米色的亚麻布，这样的色彩搭配让人能够放松心情。整个空间都很简单，为了增加趣味，使用了Flensted的吊饰。

那张高靠背椅子是从北欧买的古董。在选择
点缀的靠垫时，也充分考虑了整体色调的
统一。

卧室角落里的架子放置色调统一的盒子、木
箱和布箱，使得整体不会显得杂乱不堪。

左上：这是伊藤环先生、安江 Kaede 先生、原田让先生创作的作品，非常喜欢将这种素雅的颜色作为基础色调。左下：常规的器皿是 TIME&STYLE 的原创产品。"有着微妙差异的三种白色，让我非常喜欢"。右：对话框形状的盘子 "chat！" 则是用来增添乐趣的物品。

法则 5　常规物品当基调，小小的玩乐心当点缀

将常规物品作为基础的同时，适当添加一些小小的乐趣，是大内女士的简单生活法则。虽然不是显眼之物，但如果这些小物件能让人会心一笑，生活便会因此更为丰润。

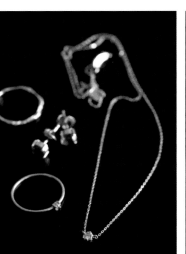

左　一直佩戴的饰品中有丈夫送的纪念品，有 16 岁生日时母亲赠送的紫水晶耳钉等。婚戒选的是 LiniE 的设计。右：在玻璃球中封入蒲公英的棉毛制项链（泪玻璃制作所），是带着玩乐心态挑选的饰品。很多都是便宜的东西。

如果看到设计很好的衣服，大内女士会同款不同色买上几件，然后让「M+」裁剪成适合自己体型的样子。图中衣服的配色便是常规的白色＋增添乐趣的某个其他颜色。

因为是小空间，所以基本上每天都会打扫。
"不过，打扫能够清楚把握屋里每个角落的状
况，也能让我心情愉快。" ——柳本 Akane

狭小 ≠ 减分，反而让生活简单舒畅

平面设计师 · 咖啡 & 酒吧 "茜夜" 店主　柳本 Akane

柳本 Akane　平面设计师，同时在东京饭田桥经营咖啡 & 酒吧 "茜夜"。在经营店铺的过程中，积累了许多活用小道具和应对狭小空间的创意。
著有《在 "茜夜" 的小厨房简单生活》（河出书房新社）等。目前在东京都内与丈夫共同生活。　www.akane-ya.net

因为经常使用而手感变得很好的日式手巾。可以打扫的时候用来擦手或用作厨房用布等等，用途很多，非常喜欢。材质干得很快，因此用一次就会马上清洗。

椅子就只有一把维克·马吉斯特拉蒂（Vico Magistretti）设计的 Maui 系列，因为是柳本女士自己买的，所以搬家的时候一起搬了过来。

爱猫 Sakura 的性格比较沉稳温和。这个整理收纳得极为细致的干净房间，完全不会让人觉得是个养着宠物的空间。

柳本女士与丈夫共同生活的空间，是 30 平方米大、带有厨房的开间，住房空间相当紧凑。夫妇二人大约半年前搬到了这里，之前一直住在二层楼的日式住宅里。"因为是非常老旧的独栋住宅了，所以决定拆除重建，这才面临搬家的问题。以此为契机，两个人都想要尝试下究竟能住在多小的空间里，于是选择了现在的房子。虽说有一间两个榻榻米大的储藏室，但要放置所有的物品的话，还是需要经过仔细考量和整理。也正因如此，才能明白适合自己生活的空间是多大。"

但这个小小的房间，一点也没有让人觉得局促狭窄，反倒被成功地打造成舒适空间，这主要归功于她在每个小地方花费的心思。就好像是在做游戏，在非常局限的空间里享受创造的乐趣。"比如，在衣柜里面存放书本、在玄关的空间放置内衣等，尽管在别人眼里有点不符合常理，但对我们而言却是最方便的方式。因为收纳空间非常有限，所以我们的原则便是在使用场所就近收纳。"

"调味料都选择便利店出售的小瓶装，化妆品也喜欢用旅行装，这样不仅不占用空间，还能始终保持新鲜，马上就能用完。尽管常有人劝说'大规格的包装更便宜哦'，但我们还是拒绝购买大包装的东西。"

柳本女士住在日式住宅时，将自家的一楼房间直接打造成了咖啡馆，而现在只能在别的地方开设咖啡馆了吧。作为店主，常常身在厨房，对于小型用具的便利性有着深切的体会。"小的夹钳或者儿童用筷子能够更容易地处理食材，单柄锅也可以用迷你牛奶锅代替，因为锅子有一定的深度，所以煮两人份的味噌汤或者炖菜完全够用。平底锅也是如此，如果是很轻易就能举起来的迷你型，那么炒菜这件事也会变得令人愉快。"

与小巧玲珑的日用品形成鲜明对比的是房间里极富存在感的大号矮桌。其实，这里恰恰暗藏着活用小空间的苦心。"桌面够大的话，两个人可以同时在桌子上工作。一个人的时候，遇到需要中断工作的时候，比如吃午饭，也可以不用收拾，让工作的东西摊在桌上，这样就能有效地利用空间，让它适应各种用途。之所以选择矮桌，是因为这样可以既不放置椅子，又让视线往下，屋子会显得宽敞一些。矮桌下面另外加铺了榻榻米垫子，让这个小角落也可以变成放松休憩的地方。"

对房间的狭小反过来加以充分利用，使柳本女士得以实现舒适的生活。"无论如何，房间每个角落的状况都能进入视野，想要时刻保持良好心情的念头就会莫名地产生动力。如果是这样大小的房间的话，就能够在完全掌握家中所有空间的情况下，进行整理。"

法则 1 抛弃固有观念，在便于使用的地方收纳

柳本家的收纳原则是"就近放在所用之处"。即便是旁人看来有些不可思议的收纳方法，只要是能够配合自己的生活动线，施行起来就很方便。

浴巾挂在浴室的门上。这真是最最契合"就近放在所用之处"的一个例子了，还充分利用了撑杆、整理文件的圆环和 S 钩。

衣柜的里侧变成了书架。夫妇俩都很爱读书，买书的时候都不会考虑收纳的问题。这个架子放不下，就把书集中起来带去二手书店。

起居室的这个架子里摆放了很多茶具，比如电热水壶、咖啡分享壶、小茶壶等等，这也是"就近放在所用之处"的一个例子。

专门设置一个放伞的地方有点浪费空间，因此伞就放在了这个洗衣机旁的"死角"，用较细的撑杆悬挂，空间就是这样"挤"出来的。

法则 2　选择迷你规格已经成为惯例

"买大号的会更便宜""大的东西也能够兼顾小的用途"，这样想便会购入那些与生活空间不匹配的东西，如果最后用不完扔掉，反而会造成浪费。坚持选择迷你型，是个灵机一动的想法。

厨房很小，所以烧饭的时候会把折叠桌撑开。平底锅和勺都是百元店找到的，品质很好。

咖啡分享壶买的是 1—2 杯用的型号。抱着"大的能够兼容小的"这种想法，就很容易买大号的，不过坚持迷你型号是柳本女士的执着。电热水壶选用德龙（Delongi）的橘色款。

调味料和咖啡等，都是便利店常见的最小规格。尽管美乃滋很少会用，但是没有的话又会觉得难受，如果是这种大小的一支，就能够彻底用完，很开心。

护肤品数量会控制在洗脸盆上方架子能够放得下的程度。旅行装的化妆水基本上两周左右用完后再购置。

上：浴室就在玄关旁边，因此内衣也存放在鞋柜里（第四层和第五层的白色盒子）。放了竹炭的话，就不用在意臭味和湿气了。下：在玄关放置了细长的木条，这样洗完澡可以光着脚站在上面，方便取用内衣。

桌子那头放着电脑，这头放着缝纫机。因为够大，彼此之间不会相互干扰。直径是 160 厘米，用松木制成。

法则 3　为有效使用空间，选择大桌子

"桌子一定要大！"夫妇俩达成一致意见。在宽敞的桌子上能够同时进行多项工作，可以有效地使用空间，即便房间很小，也不会有压迫感。这是结婚时定购的，一直是两个人的爱用品。

在木地板上铺上正方形的拼贴式榻榻米，就可以享受日式房间坐在地板上的生活了。从窗外透进来的阳光，让人心情舒畅，Sakura 也非常喜欢。

左图是起居室模式的照明情况，右图是卧室模式的照明情况。台灯的方向可以按照用途进行调整。

在床变摆放的台灯是雅特明特（Artemide）的设计。可以自由调节方向和角度，用起来随心所欲，因此使用频率很高。天花板正中间吊灯的设计有些未来主义风格，是宜家的产品，灯管还会一闪一闪。

法则 4　利用照明区隔空间

天花板安装的三盏灯中，靠近窗边的两盏只会照亮起居空间，床边的两盏灯则只提供休息空间的照明。没有采取那种会让房间变小的区隔方法，而是利用明暗进行隔断，这一方法简单易行。

法则 5　喜爱和服，穿衣也简单化

柳本女士因为棉布面料的和服而开始喜欢上了和服。和服叠起来丝毫不占空间，用小物件进行搭配有无限可能性，不仅可以享受穿着的乐趣，其本身的简洁感及合理性也让人中意。

「对和服产生兴趣的契机要追溯到将近十年前，家附近新开的一家和服店引起了我的注意。」从那之后，柳本女士便以透气性好的棉布为主，享受和服带来的时尚穿搭。上：和服是一层层叠穿的，所以出乎意料地很暖和。戴上平时搭配洋装的围巾，便可以代替大衣了。下：和服绑带也用棉布，显得很休闲。

用于束紧的细布条、带扣、腰带背衬等小物件之间的搭配充满乐趣。从小用到现在的箱子被当作收纳盒。

思考与自己契合的物品，开启简单生活

花艺教室"日日花"主人　雨宫 Yuki

雨宫 Yuki　在东京大田区的工作室内经营自己的花艺教室，还在杂志、书籍中介绍与植物相伴的生活。也会通过写文章，向读者介绍如何感受时节并以此挑选适合日常插画的鲜花，插花手法也获得了好评。在神奈川县与身为摄影师的丈夫秀也共同生活。　www.hibihana.com

相较于『厨房』，不假思索脱口而出的『灶台间』这一称呼似乎更适合这个洋溢着复古氛围的娴静空间。五年前，两人在神奈川县这个充满绿色植被的地方，建造了自己的家。设计师是中村好文先生。

建造房子时提的要求是，建一个『像森林小屋一样』的家。

挑选的物品全是能让人感受到『简朴之美』的东西。灯具是设计师中村送的礼物，是一件日本产的旧物。

在家中便能感受近在眼前的丰富自然，这就是雨宫家。简单构造的房子，却因为原木特有的温润和良好的质感，让人觉得是个非常富足的空间。尽管房间并不是很宽敞，但因为设计出了敞开的部分，阳光能够充满整个空间，身心也因这种开放得到舒展。

打理着花艺教室的雨宫女士，以自己的插花手法让花朵自然地融入整个空间，生机勃勃的氛围让人印象深刻。她的插花手法说起来也很简单，不同于那种将好几种鲜花配搭在一起的做法，她一般只选一到两支鲜花，非常清爽。"我想采用的插花方式是要让每朵花都得到认真的注视。它们好不容易发芽开花，要进行修剪的话，至少要让人们感受到修剪带来的乐趣。"鲜花本身的形态也是各色各样，因此插花的时候会留心花茎和枝叶的长势，充分展现其本身所具有的美感。

为了享受这种"简单式插花"，清爽的空间是必要条件。雨宫女士会在插花时，对周围的空间进行打扫整理。起居室靠墙的一侧、橱柜的一角和玄关的墙面都被设定为鲜花的舞台。"事先将某处设定为随时可以插花的空间，这样一来，进行插花的程序就会变得相对简单。"由此，良性循环应运而生，保持简单空间的动力也会因此被激发。雨宫家能够实现简单生活的另一个原因是，在这个空间几乎找不到一般家庭多多少少都会有的"生活之物"。首先想到的例子是电视机，其他像是电饭锅、烤面包机、沙发也没有，连日历或者挂钟都没有。"只要好好思量一下与自己生活相配的东西，就会觉得一些东西其实没有必要，也就不会买回来了。现如今什么东西都能买到，如果不假思索地买，东西只会越来越多。"当然，雨宫女士并不是主张东西越少越好，而是说应该配合自己的生活，慎重考虑后再进行购物。"生活时刻都在发生变化，所以可以随时调整。"

法则 1　创造映衬鲜花的舞台

周围如果乱作一团，特意插了花也无济于事。让花成为视野的主角，就要花力气把周围的空间整理干净。随着插花这个习惯的养成，房间也会自然地变清爽。

一般用来放置电视机的地方摆上复古的小桌子，成了花的舞台。将这些应季的花朵摆设成能让人静心观看的样态，是雨宫流的插花方式。花瓶中插着海棠，还有从瓶口稍稍探头的蝴蝶花。

餐具柜一角也是花的舞台。左图是拾来的枯枝和果实，适合秋天。右图中的蓝色花朵是初夏时摆放的漏斗花。正月里会放些与生肖有关的杂货，三月份开始则会添上应季的物件。

玄关处是通风良好的水泥走廊一角，让人心情愉快。靠近大门的墙壁，也是鲜花装饰之所。即便没有摆放鲜花的架子，只要用悬挂式花器，就能把墙壁变成花的舞台。插花用的是忍冬花和贝母花。

很有存在感的碗柜是从朋友那里买到的二手家具，上半部分的右下角是摆放鲜花的空间。「一旦把东西收纳在这个空间，就很难再用鲜花进行装饰了，所以下定决心那个地方尽量不放别的东西。」

没有电视机！没有沙发！

不用电饭锅！

冬天也不穿拖鞋！

结婚时，丈夫秀也便主张"无"。没有电视机，也就不看了。要放松的话，有椅子和浴缸就够了。

现在用铁锅煮饭，所以电饭锅是没有必要的。不但煮出来的饭更美味，也不用放置那种"没有美感"的设计，可谓一石二鸟。

即便是冬天，充足的光照也让室内非常温暖，而且原木铺就的地板也不会像胶合板那样冰冷，不需要拖鞋。用双脚感受原木的质感，心情也会格外愉快。

法则 2 与生活不契合的东西，一件也不留！

将有些生活用品视为理所当然而不深思，只会让东西越来越多。根本用不着、可以用别的物品代替、感受不到美感等等，不论出于什么理由，只要觉得与自己现在的生活不契合，那就没有必要添置。

煤气灶不是最新款也行！

烤面包机是多余之物！

色彩缤纷的海绵也不需要！

煤气灶是林内的商用款。比起购买自己不喜欢的最新款式，这款煤气灶才是适合雨宫家的选择。

早餐的面包用荷兰锅加热。某一天突然意识到："就算没有烤面包机，用这个也很好啊！"

洗餐具用的是琵琶湖布巾。用温水便能洗净油污，所以基本不用洗洁精。颜色鲜艳的海绵自然也就不需要了。

法则 3　关注季节的更迭和自然的变化

鲜花和植物的生长、鸟叫虫鸣、雨声、光影摇曳等，用眼睛观察并侧耳倾听这些自然界的变化，对季节变得敏感，单单这件事就能让生活充实而繁忙。生活中充满了新鲜的感觉，多余的东西也会渐渐变少。

告别用热水器烧水的生活，而采用烧柴锅炉打造浴室。在等待烧水的过程中，能够切实体会季节的变换。望着火苗，仿佛跟自然愈加贴近。收集木头、劈柴、烧柴，每个步骤都充满乐趣。

院子里生长的植物不仅让人们感受季节变化，也给予人们恩赐。春天的时候，院子各处开始发芽，慢慢地开花结果。到了冬天枝叶枯萎，也是季节转换的一部分。"夏天除草虽是件苦差事，但若非亲自动手，便无法过上舒适的生活。"雨宫女士笑着说道，足见她对生活的珍视。

随着季节、天气、光照时间的变化，投射在墙壁上的影子也会发生变化。搬到这个屋子才发现自然更迭给予我们的丰富体验。

没有不必要的东西，没有随意挑选的东西，
这是我认为的简单生活之定义

建筑师　青木律典

青木律典　建筑师，擅长进行生活与创意互不矛盾的设计。自己的生活方式也充分体现了简单设计带来的裨益。"住宅是生活之所，并非单纯的'作品'，因此最为重要的便是紧密贴合生活本身。"在神奈川县与妻子、儿子，三人共同生活。　www.norifumiaoki-studio.net

对老旧的社区公房进行改造的房间。采用了和式拉门，让人们多少感受到和式设计的韵味，直线式的、简单风格的设计创造了这个美妙的空间。

青木家最让人吃惊的地方就是，从洗面台到玄关这个相连的空间没有安装房门。这可以说是对"摈弃不必要的东西"的一项挑战。视线没有被阻隔，空间看上去变得宽敞了。

这个空间是建筑家青木先生亲自设计改造的，搬进来已经两年多了。57平方米的两居室中，一间被用作办公室，因此绝对算不上是宽敞的空间。不过，因为做了详尽的规划，力求不浪费空间，给人的印象却相当宽敞。原本应该放置东西的地方，都被收拾干净，非常清爽。

"其实，像现在这样的简单生活是从搬经进来才开始的。以前的家里，东西多得无法收拾，真的是一种压力。在设计新家的时候，就跟妻子好好商量，决定对拥有的物品设定上限，开始简单的生活。为了保存更多东西而挑选更大的空间，这不是我的思考方式。我所选择的是大小适宜且适合我们生活的空间，并且配合这个空间调整拥有的物品。以前会将物品收在盒子里，就这样原封不动地收纳起来，后来发现其实里面有很多不必要的东西。当我们准备搬到这个房间居住时，才开始有意识地进行挑选，只留下必要的东西，于是东西就少了。而且，还能马上想起东西被收在哪里，省去了不少找东西的时间。"

对于原本并非实践简单生活的人而言，这可以说是极大的转变，不过现在每天都能切实感受到简单生活的好处。同时，夫妇俩虽然都自认并不擅长整理东西，却也一直坚持努力。用艺术品和鲜花进行装饰，邀请朋友来家里做客等等，都是为了维持让家里保持干净整洁的动力。"需要还房贷时的生活，常会因为各种不顺带来的压力而放弃整理、放弃维持整洁，但现在已经能感觉到形成了一种良性循环。"

建筑师不仅要对家和空间进行设计，还要设计生活本身。青木先生便是抱持着这样的信念完成工作的。也正因如此，确定了有上限的收纳空间后，他在挑选物品时的态度也变得更为严厉。一旦犹豫就放弃购买，绝不冲动消费。因为不能存放太多东西，所以决不妥协。就这样，从对自己的生活进行切实的设计开始，才能享受简单生活本身。

法则 1 白色、黑色、灰色，尽量不添加产生混乱的颜色

映入眼帘的色彩尽量保持在白、黑、灰的基础色内，拒绝五颜六色。
控制颜色的数量可以统一整体的色调，不会显得乱糟糟。不使用凌
乱的颜色，或者尽量将它们掩盖起来，保持简单。

办公区域挑选的物品也以白色和黑色为主，设计优美、简单就好。台灯是 Bsize 的，椅子来自阿诺·雅各布森（Arne Jacobsen）的设计。

左；青木先生希望尽可能地消除生活的杂乱感。因此在厨房水槽的三角处，放置了野田珐琅材质的容器，用来扔厨余。中；餐桌上方的吊灯是 Louis Poulsen 的产品，也选择了白色。右；放在厨房开放式架子上的餐具还是很多，基本统一为黑色和白色。除了吉田直嗣、安藤雅信的作品，Found Muji 的器具也十分喜爱。

洋装也是同样的色调。喜欢的东西是共通的吧。

衣着时尚搭配和住房空间一样，以沉稳的颜色为基调。"遇到喜欢的衣物搭配，会毫不犹豫地买下来。相应地，大减价的时候并不会购买，采取少而精的战略。西装和衬衫都是 Margaret Howell 的产品，裤子购于 Muji Labo，手表则是阿诺·雅各布森的设计。

房间只有一面墙壁涂成了灰色，这样可以和走廊的水泥地以及厨房的墙壁保持统一。被色彩的感觉和材料的质感所吸引，选择了 Porter's Paint 的产品。

从玄关处开始，整条通道都保持为水泥空间。
如果尽头用作收纳的话，好不容易得到伸展
的视线便会前功尽弃，于是改成了装饰空间。

法则 2　若明确规定为装饰空间，就绝不存放物品

有意识地划分仅用来摆放艺术品或鲜花的空间或墙壁，一旦规划出不存放物品的区域，整个空间就会变得张弛有度。用留白让人感受空间的富余，非常简单。

工作区域的墙壁。唯有书被允许不断增加。尽管也有计划要添加书架，但还是「死守」这面墙。正因为有墙壁这样的留白存在，才会让工作区域孕育出开放感。

厨房水槽靠墙的空间，总是会在不经意间顺手摆放上东西，会让人们环顾整个空间时获得截然不同的舒畅感。但是这里有没有留白，

法则 3　把握收纳上限，不让东西超量

收纳空间总是有限的。正确把握空间的收纳容量，将放不进去的东西拿出来，再重新衡量自己持有的东西进行处理。绝不将购买收纳家具或者增加收纳空间作为解决对策。

左：餐具也控制在吊柜的一部分和下方开放式架子合起来能够容纳的量内，必须超出这个空间摆放则坚决不买。中左：厨房水槽下面的抽屉式架子用来放置调味料，同样是以架子可以容纳的数量为准，超出这个量就坚决不买。中右：玄关处没有柜子，因此对洗面台上方的储物柜进行了充分利用，其中一层用来收纳鞋子。青木先生的鞋是三双，妻子的鞋是五双，在数量上进行限制。毛巾也只有一层的量。右：当季的服装就挂在卧室的撑杆上，并对数量进行限定，留有余地并不挂满。夫妇俩的衣服加起来也就这些。

椅子只有两把，有需要的话就用凳子。因为摆放的东西较少，所以 Y Chair、保罗·汉宁森（Paul Henningsen）设计的灯具、以及扶梯等物品的美感显得愈发生动。

一旦确立自己的生活风格
便会毫不踌躇，变得自然简单

整理收纳顾问　Linen

Linen　辞去做了25年的工作，转而成为整理收纳顾问，开放自己的生活空间举办简单风格的讲座，提出的整理收纳创意得到了广泛好评。对于简单式的衣柜整理方法也非常擅长。在东京都内与丈夫共同生活。　http://linenmore.exblog.jp

餐厅旁的墙壁上安装了无印良品的架子，做成了小小的装饰空间。

在现代风格的设计品中，放上一件最近非常着迷的复古家具，别有韵味。

卧室的一角，同样放置了复古柜子。平时都在这里化妆，所以化妆用品都收在了里面。

Linen 与丈夫共同生活在一幢独栋住宅内，住房空间可以说相当宽裕。这种情况一般人很容易放任自己添置很多东西。然而，Linen 家的东西却少得让人吃惊，两人过着很简单的生活。

"一直以来就对东西太多感到头疼，因为很容易对自己持有的物品量失去控制而无法切实地把握，这大概是我想维持少量生活用品的原因吧。"因此，两人特意没有在起居室及餐厅的空间设置收纳用具，厨房的收纳空间也尽量减少，既没有餐具柜也没有吊柜。相较于那些希望厨房的收纳空间越多越好的人，真是完全相反的类型。"收纳空间一旦增加了，东西也会相应地变多，这只会让收拾管理变得非常麻烦。添置物品，其实都是在添些不用的东西，这可不是我的做法。"

希望能够对自己的东西了如指掌，因此 Linen 家的收纳可以说是"展示派"，或者"外置派"。在使用的地方或者是触手可及的地方，直接将物品摆放在外面，呈现出一目了然又便于掌握的状态。放在橱柜中或者抽屉里的物品也是一样，只要打开就可以看见整体状况，对自己持有的东西非常明了。"所以，抽屉和衣柜其实都是空的，也没有添置特别的收纳用具。因此，那些来我家听整理收纳讲座的客人们看到这样的情况，多少都有些扫兴吧。但是，收纳用具本身也是'东西'，其实并不需要另外添置，只要灵活利用既有的东西就好。打开橱门，能看到整体，拿取又方便，要归回原位也容易，我觉得这样就挺好。"

重要的是，发现适合自己的做法。大家没有必要跟 Linen 保持同样的做法。如果喜欢使用收纳用具，觉得将所有东西都分门别类整理清楚比较方便的话，完全可以采取这样的做法。真正有问题的是不好好思考适合自己的生活方式和风格，反而到处听取其他人的想法，并随意采纳别人的做法。挑选器皿和厨房用具，或者挑选衣服和鞋子，也是同样的道理。

只要确定了自己的喜好和风格，就不会因为盲目追随流行趋势而购买那些没有必要的东西。"也有很多人会简单地想'扔了就好'，在那之前还请务必对自己的喜好慎重考虑，确立自己的风格，这非常有必要。如果无法清楚认知这一点，就会迷失在无数商店里，困惑于如何做出选择。相反，只要清楚知道自己的风格，生活自然而然就会变得简单畅快。"

沙发前面摆放茶几的做法是否已经深入人心了呢？Linen 就认为没有这个必要。要喝茶的时候就在沙发旁放上小矮凳。除了冬天，沙发前都不用铺地毯。

没有茶几也可以

法则 1 "理所当然该有的东西"没有也行！

有些东西并没有考虑过是否真的必要，而只是因为大家都有所以就一直放着。对这些物品稍加检视，就会发现有些理所当然的东西其实根本没有必要。只考虑是否适合自己的生活风格，就不会随意增加东西。

没有安装门的鞋柜，自己有多少双鞋可以一目了然，拿取也很方便，还能提升保持鞋子整洁漂亮的动力。

鞋柜可以没有门

洗脸盆上方可以不安装镜子

化妆在卧室，吹干头发则在起居室，所以 Linen 认为洗面台上不需要安装镜子。抱着是否真的有必要的想法对每一件物品进行评估，有时甚至会让人惊讶地问出："真的需要吗？"这样一来，东西就不会增加。

用一面布质窗帘取代衣柜门，就不需要在衣柜前预留打开柜门的空间，也不会出现折叠门必然存在的死角，要完全打开衣柜空间也丝毫不费力，打扫起来也非常轻松，可以说好处多多。

衣柜也不需要门

没有滤水架也可以

即便是用洗碗机洗碗碟，也还是会同时使用专门的滤水架，这样的家庭有很多，但Linen的家却选择不用。用滤盆和布取而代之，不用的时候便收起来。

法则 2　将东西摆放得一目了然，以把握物品数量

人们很容易会遗忘那些被收起来的东西，因此将东西摆放得一目了然，可以对所拥有的东西切实把握。采用让东西显露在外，或者俯视便可全部看见的收纳方法，东西就不会越来越多。

将文具都收纳在盒盖中，一拉出来就能看到所有物品。比起摆放的美观程度，容易看到和方便使用是最该考虑的标准。

左：使用吊柜的话，靠里摆放的东西就会看不见，所以决定不用吊柜。频繁使用的东西都放在这面墙的开放式架子上，东西都显露在外面。右：用 S 形铁钩挂着的是洗餐具用的环保洗碗巾。市售的洗碗巾颜色太鲜艳了，所以自己用黑色毛线编织了洗碗巾。

沙发旁的竹篮里集合了休憩放松时需要使用的物品。所有东西都竖着放入，因此一眼就能看到所有东西，拿取也很方便。

衣柜的抽屉里摆放的东西同样做到了一目了然，打开抽屉就能看到所有的裤子和袜子。一年四季穿的裤子就只有这些，相当少呢。

床边的柜子里收纳着化妆用品。将东西竖着放入盒子和化妆袋中，可以全都看到。用化妆袋收纳，旅行时就可以这样带出门。

餐具，就这些

厨房料理台右手边的门里放餐具。器皿比较少，不需要过度叠放，这样拿取很方便，每个器皿都会被用到。

家里一共只有五支笔

只要放置必要的东西就好，因此在餐厅旁的柜子上放了粗字笔、细字笔和自动铅笔各一支。厨房和厕所各放一支笔。家里一共就五支笔。

不想再读的书，就不放进书架

除了那些想要再看一遍的书，其他直接装进纸袋拿去二手书店。因为是刚读完的书，很容易就能判断是否想要再读，这样的方式比起书架堆满后再集中处理，要轻松得多。

法则 3　养成不乱添物品的习惯

如果每天不是有意识地对物品进行控制，东西就会不断增加。养成了不乱添物品的习惯后，就没有必要特意挤出时间"扔东西或者减少东西"，也就自然不会再为这些东西折腾了。

不要把抽屉塞满

厨房的抽屉，每一个都有空余。空的容器是用来放茶叶包的，一盒茶包恰好装满这个容器，因此要确保空出这个存放茶叶包的空间。

购买惯用的调味料

为了防止那些带着冒险心态尝试购买却又用不完的调味料塞满冰箱，基本上不会买不常用的、少见的调味料。因此，调味料始终保持在冰箱门能够收纳的数量内。

冰箱里的东西会写在胶带上标示

如果放了并不常买的食品在冷藏室或冷冻室里，会马上用和纸胶带做个备忘贴在冰箱上。这样就不会忘了食用，多余的食物也就不会增加。

控制了色调的餐厅。原木地板与沿着天花板
石膏线的浮雕凸显出整个内部装饰的氛围。
白色墙壁在浮雕的映衬下，会随着光线的照
射而发生变化。

购置真正喜欢的东西，轻松愉快地生活
对我而言这便是"简单生活"

杂货店合伙人　埃尔莎·库斯塔尔斯

埃尔莎·库斯塔尔斯　常住巴黎，2014 年开设了杂货店 LA TRÉSORERIE，店内收集了深深植根于法国生活的传统用品，以及不会被时代左右的欧洲设计品。在巴黎人看来，正因为是平常的日子，才更希望能够丰富充实地度过，因此他们对杂货店非常喜爱。　LA TRÉSORERIE，11 rue du Château d'eau 75010，巴黎。　http://latresorerie.fr

"在我收到人生第一笔工资时，便下定决心以后只挑选那些有着天然质感、设计不会让人生厌，又能充分满足便利性的好东西。结果，我所拥有的每一件物品都用了很长时间，逐渐形成了不添置多余物品的生活方式。"埃尔莎这样说道。身为 LA TRÉSORERIE 的店长，就这样以杂货店的理念和哲学打造出自己的生活方式。

一家四口人居住的公寓，以人字形图案的原木地板和天花板石膏线的浮雕装饰为特征，是奥斯曼式建筑。这种建筑风格是 19 世纪中期巴黎的代表性风格，常见的装饰品是波斯绒毯、厚重的丝质窗帘，或者大大的流苏。而埃尔莎采用的装饰风格则反其道而行，打造了光线通透、通风良好、充满自由感的空间。这跟选择那些不会让人生厌的设计品是一样的道理，光和风对她来说是非常重要的元素。

"我的孩童时期是在法国南部的独栋别墅中度过的，那里空间非常宽敞，总是有阳光照射、微风吹过，让人心情愉快。在那个空间里放置的都是很久以前就在使用的、传统的家具和日常用品。我打造住家时想到的基调，便是这样的原生风景。"

法则 1　重视阳光和微风，演绎轻快氛围

在开阔宽敞的空间里，阳光和微风仿如在其间穿行一般。喜欢这种舒服的感觉，自由而又清朗的氛围便是由轻柔的窗帘、有腿足设计的家具以及冷色系配色集合而成的。

左：有腿足设计的家具，在地板之间创造了一定的空间，给人感觉仿佛阳光和微风在穿行一般，故而特意没有铺地毯。右：为了不遮挡照射进房间的阳光，只用了手工刺绣的蕾丝窗帘。轻快的氛围营造出简单的印象。因为是在跳蚤市场发现的古董品，尽管有些地方已经开线了，但还是非常爱护地使用着。

公寓的墙壁和天花板都统一用了白色，将这样一种冷色调作为调剂色营造出的独特风格，是与父母一起去地中海的海岛旅游时看到的室内装饰带来的启发。尽管身在巴黎，但还是希望能够感受法国南部的气息以及度假的心情，这样每天的生活就都能开朗面对了。在追求这种精神状态的过程中，舒畅简单的生活方式便自然形成了。

"让房间保持干净清爽的窍门吗？那就是时不时地邀请朋友来家里做客。在做准备的时候，会用另一种崭新的眼光观望整个房间，很容易就会发现多余物件的存在。"（笑）

在个人主义高扬的国家，自己才是主角。明确清楚对自己而言什么才是好心情，彻底地以自我为中心，愉快生活！这样的姿态才是最关键的，简直就是巴黎女性的代表。

取暖设备上方的装饰空间。在设备上铺上木板，排列展示着收集来的北欧花瓶。墙上则用一幅抽象画做装饰。客人坐的椅子也一并摆放出来。这是个蓝色的角落。

另一个装饰场所则位于抽屉柜上。用红色进行统一，同样陈列着北欧花瓶，墙上油画的关键也在于红色。

没有用画做装饰，保留一片雪白的墙壁，这种简单作风在法国非常少有。地板上也没有铺地毯，重在传达干净清爽的感觉。作为一种替代，沙发上摆满了靠垫，这些都是在 LA TRÉSORERIE 能买到的。

法则 2　用装饰空间和不加装饰的空间制造节奏感

墙壁基本上保持清爽空白，这种开阔的感觉非常重要。画和装饰品则放在规定的"装饰空间"，如果集中起来进行展示的话，收集的乐趣便能得到很大的满足。

法则3　以各种存在微妙差别的白色作为基调

墙壁是稍微掺杂了一点绿色的白，天花板则用了纯白色。好几种白色相互交织，在这些微妙的色差重叠之下，虽然简单却不会让人感觉冷清，是一个舒适的空间。

有着田园风的网门陈列柜，其实是传统的食品储藏柜。在跳蚤市场买到后，把它作为餐具柜使用至今。墙上的架子上放的是大尺寸的陶器，既可作为收纳用，也不失为一种装饰。

厨房的墙壁上采用了吊挂式收纳方法。从前的这些厨房用具用起来顺手且结实，一直以来都很喜欢。这都是在 LA TRÉSORERIE 贩售的。

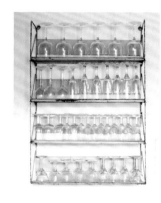

这是在跳蚤市场发现的，用第一笔工资购买的钢制架子，可以说是充满了回忆。古董杯、水晶杯，结婚时收到的礼物等，所有玻璃杯都收纳在这里。

窗台上还有房间里，都会用这些小小的绿色植物加以点缀。喜欢这种室内和室外有所连接的感觉。厨房的窗台上放的是香草类的植物。

桌子和椅子都是从宜家购买后自己上漆的，用的是 LA TRESORERIE 贩售的有机涂料。这个小小的厨房，连地砖的颜色都统一为白色，仅仅用了一盏北欧式设计的复古吊灯照明。

法则 4　服装会选择真正的良品

基本色调是海军蓝、白色和灰色。材质则会选择优质的天然材料。在平时的搭配上只要加上一种调剂色，用小配饰创造出华丽感，那么即便是同样的单品也能变成正式外出的服装。

参加发表会

办公室着装

裤子与右图同款，上装选择了基本款的西装。搭配上有垂坠感的衬衫，在干净利落之余又添加了女性特有的柔软气质。

平时以行动自如的裤装风格为主。西装是 COMME des GARÇONS 的设计，裤子是 Isabel Marant 的产品，横条纹 T 恤则来自 Saint James。

大号的工作通勤包与这个场合有些不搭，所以选择了 & Other Stories 的手拿包，叠加佩戴了来自 Isabel Marant 的项链，长项链不仅体现了女性的柔美，而且还给人以华美的感觉。皮鞋选择了 Karine Arabian 的高跟鞋，精致的鞋型，是出席正式场合的必选单品。

用帆布和皮革制作而成的 Louison 大包，比皮革制作的包更轻一些。围巾来自于 Hermès，菱形的形状用起来很方便。球鞋来自"公平交易"的先驱品牌 Veja，因为是皮制，所以不会显得过于休闲。这套搭配给人严谨干练的印象，却也是不容易感到疲惫的舒适风格。

竹篮是每个国家都会有的东西，去各国旅行时看到喜欢的就会买下，也会送朋友，家里有很多竹篮。购物时，相较于带一个大的竹篮，更喜欢将好几个小号的竹篮并在一起使用。分量很重的蔬菜、易磕碰的水果和奶酪等可以分开来装，彼此不会磕碰损伤，很安心。

去餐厅

去市场

牛仔裤与右图同款，稍加改变就是外出的搭配。剪裁个性十足的西装和棉质的衬衫来自 Vanessa Bruno。

Vanessa Bruno 的牛仔裤配上明亮色彩的宽大上衣，A.P.C. 的风衣随意地披在肩上，这就是周末的休闲风格。

将富有存在感的配饰穿戴上身，还能提升外出的兴奋度。大大的戒指是 Swarovski 的经典旧款。皮包和 Isabel Marant for H&M 的围巾叠加在一起。牛仔裤不翻折，鲜艳的黄色凉鞋是 Repetto 的产品，也是一大亮点。

将牛仔裤的裤脚稍稍卷起，显得更为休闲。鞋子和包与 58 页的办公室穿着同款。竹篮是在日本买的。衬衫是 ba&sh 出品，开衫毛衣属于 COS，围巾则来自 Hermès。

简单生活的样板以及具有影响力的书和电影

为了给各位重新审视生活的机会，或者增加这样的动机，
在这里向大家介绍一些可以当作范本的书或者电影。

从空气感及留白中感受到 美的摄影集和图录

鲜花、建筑、古道具等等，尽管主题不同，但共通点是对于留白的处理，以及书整体散发出来的空气感，受到这样的激发后，才开始发现自己生活和设计的方向。（P42 青木先生）

重要性、美感、可用性是 添置物品的基准

"读了《寻找 Jurgen Lehl 和 Babaghuri》一书后，被 Jurgen Lehl 那种'对于所使用的物品以更高的审美意识进行探求'的姿态感动了。虽然这么说有些自不量力，但确实感觉自己的想法跟他很接近。"（P22 大内女士）

让我重新思考自己与物品 之间关系的电影

电影《我的物件》（Tavarataivas）让我重新审视房间里堆满的东西，并且开始思考真正的幸福是什么。"将所拥有的东西都存放在仓库里，只拿出必要的东西，看到这个部分时，受到了触动，自己也尝试着模仿这个做法。"（P30 柳本女士）

每翻一页都会有新发现的摄影集

生活在美国的两名女性，各自拍摄早晨风景的摄影集《一年中的早晨》（A Year of Mornings）。"非常喜欢这种对平淡无奇的生活进行截取的拍摄方法。希望自己也能对这样的'小确幸'保持敏感。"（P16 泷泽女士）

摆在手边总想再读一遍的两本书

《多仁亚的德国风住房改造》《从德国式的简单而来的整理术》两本书的关键词都是德国。"彻底的打扫方式等等，想要从中学习的点有很多。"（P74 nolon）

村上春树和长田弘的书

就是很喜欢《远方的鼓声》这本书。《当我谈跑步时我谈些什么》则可以拿来与人生所有的事情进行对照。长田弘的书，则可以帮我做出"重要的东西就是这件东西"的决定。（P10 广濑女士）

Part 2

与孩子一起生活的简单房间

一旦与孩子共同生活，必要的东西一定会不断增加，仅仅依靠自己一个人的坚持无法让东西减少。这样一来，很多人都会觉得自己与简单生活无缘而就此放弃。然而，事实上还是有人成功实现了全家人的简单生活。一边享受与孩子共同生活的乐趣，一边坚持简单生活，为了兼顾两者而定下的法则中，应该会给你很多启发吧。

将用作寝室的和式房间的，铺盖收进去后，
创造出悠闲玩乐的宽敞空间。对房间的用途
不作任何限定，这种自古有之的做法就是简
单生活。

重要的是营造能让孩子们快乐成长的空间
物品虽少却也充足，实为幸福

《Thank you！》专栏作者　随性妈妈

随性妈妈　月刊《Thank you！》的专栏作者。以精挑细选的少量物品怡然度日的生活态度吸引了众多关注，其他杂志也屡次报道。与丈夫、三个小孩，一家五口在千叶县生活。　http://39.benesse.ne.jp/blog/1064/

法则 1　重视孩子自由奔跑的空间

孩子们能够没有危险地自由玩耍是首当其冲要考虑的问题。家具减少到最低限度，并且是可以立刻移动的大小。睡觉也是用可以收起的铺盖。总之，现在最重视的是快乐成长的感觉。

厨房隔壁的房间。矮脚饭桌可以折叠，因此可以方便地收纳到橱柜中。"孩子们还跟我说，就连坐垫也很碍事呢。"（笑）

带着七岁、六岁、三岁的三个孩子，从 97 平方米的房子搬进了 55 平方米的现居所。这种状况经常会成为房间乱糟糟的借口，但是随性妈妈的家里却非常清爽、宽敞。必需品一件不少地被收纳起来，家中洋溢着幸福的氛围。

"以前也会用很多东西来装饰房间，想要打造可爱的室内风格。但是，当我大声训斥孩子时，环顾房间，发觉自己的现状与房间氛围有着很大的差距。不知不觉'可爱风格的室内装修'显得愈加荒谬了。"而且，那些装饰品上积下的灰尘还很难打扫。于是，一点一点地，从装饰品入手，开始减少室内物品。之后，搬入狭小空间后，再一次对物品进行清理。"以前真的是收了太多没用的东西。"

物品一旦减少，生活也变得简单了，随性妈妈突然领悟到简单生活的魅力所在。家里感觉很宽敞，最喜欢的旧家具和传统用品映衬着空间，散发着光芒。她意识到，不管怎样，东西少的空间就是会让人感觉舒服！孩子们可以充满活力地在这个空间自由跑跳。"虽说东西多也不是什么坏事，但是，那些让我感到疲惫的'叹气点'还是越少越好，我想要生活在一个没有'叹气点'的家中。现在，家里东西比以前少了，'叹气点'也少了，非常舒适。"

现在的住房面积比之前少了将近一半，却不想以此为借口偷懒，而是抱持积极的态度让生活更舒适。基于这样的想法，实现了现在的生活。家庭成员们能够心情愉快地生活就是幸福，即使东西很少也没有关系。这就是随性妈妈得出的结论。

法则 2
实用物品如果都是喜爱之物，就不需要装饰品

房间内物品很少，又没有什么装饰品，似乎很容易显得煞风景。但是，如果自己每天都会用到的物品是跟自己有感情的、让自己心生欢喜的物品，那么，每次使用时都会感到欢欣雀跃，生活也乐滋滋的，就不会觉得还有必要添置物品了。

日常使用的笸箩和竹筐，挑选了天然材料制作而成的物件，虽然价格偏高却经久耐用。这些小小的奢侈，能让生活变得丰富，每天做家务也更快乐了。

收纳玩具用的也是竹筐。轻便且不容易损坏，还能把鲜艳的颜色适当掩盖住。孩子们长大了也能作其他用途，可以说好处多多。

壁橱里面是从二手用品店买来的抽屉柜。打开橱门所看到的景象让人喜爱。工具和文具用品等都可以放在里面。

旧物品散发的氛围吸引着随性妈妈。因为用了这个有韵味的餐具柜，柜子上即便不放这样那样的装饰品，也不会显得煞风景。将碗盘放回柜子之前使用的沥水筐也是她的爱用之物。

法则 3　不需要的东西一件不留

即便是家家户户必备的东西，如果自己用不着，那就没有必要留着。微波炉、烤箱、厨房手推车等等，即便没有也不会有问题，所以这些家里都没有。

手推车、料理台都不需要

将餐桌作为料理台使用，做饭烧菜的动线也可以很流畅。不会抱怨说"因为空间狭小，所以不能放置料理台"，而是利用好现有的东西，感觉很舒适。

烤面包机也不需要

由于没有地方放置烤面包机，因此就在烧烤网上烤面包。"又快，又好吃，还不占空间，好处多多。"

在西式房间里，她只放了三个旅行箱。表面看上去像是用喜爱的物品来装饰房间，其实很实用。从上到下分别存放了孩子们的积木、丈夫不常穿的衣服和户外用品。

法则 4　收纳柜和橱门里不要塞满

随着孩子的成长，东西也会越来越多，因此现在会在收纳柜中特意留有余地。物品少的话，就没有必要在收纳上花费功夫，没有这些多余的烦心事，人的心情也变得简单。

尽管没有料理台，也没有其他收纳家具，厨房水槽上方的吊柜内部还是空空荡荡的。"只考虑实用性，就会发现有很多东西是不需要的。"

这个架子用来存放每年腌制的梅酒和梅干等。上面两层并没有什么东西需要摆放，基本上是空着的，这样即便东西多起来，也没关系。如此一来，心理上就更从容了。

这是放置矮脚饭桌的房间的壁橱，里面也是空空的。下层靠前的是双肩书包和学校会用到的东西。上层靠墙那面贴着孩子们的作品或者想要展示的印刷品等。

这里存放了五位家庭成员各个季节的所有外套，"尽管不多，但每个人至少有三套以上呢"。这样，换季的时候也不需要再整理。上层竹筐旁的空间，则是丈夫回家后放手提包的地方。下面放的是孩子们的玩具和空手道用品。

找遍全家只有两支圆珠笔

两个锅子和一个平底锅就能做饭

烹饪用的大钵只有一个

质量精良的圆珠笔只要一支就够了，不用准备很多支。"因为只有这一支，所以就算是附送的也不要。"红色圆珠笔则是为了修改孩子们的作业。

炉子上用的锅具只有这三个。以前连电饭锅也没有。"'无水锅'（左上）的盖子也能用在平底锅上，炉灶也就两个，这样就足够了。"

做点心时用的大钵就只有一个。"打蛋的话，用大碗就可以代替，完全没有不方便的感觉。"

法则 5　数量多，没必要！

目前真正用得到的东西，只要维持基本的使用数量就好。这样的话，实际上很多东西都是不必要的。相应地，每件物品都挑选自己喜爱的，便会经常使用并且珍惜。

自己的鞋子居然只有三双

自己一年四季的衣服只有两抽屉

孩子的衣服则一人一个抽屉

每个孩子分配一个抽屉。整整一年的衣服都能放进去。还有一个用来存放毛巾和手帕。在抽屉柜旁叠起来进行收纳，做家务的动线也变短了，非常轻松。

因为忙于照顾孩子，很多鞋子都不会再穿了。现在基本上只穿运动鞋。参加入学典礼等活动时穿的鞋子，只要一双就足够了。

一年四季的衣服，只有这些（外套则存放在66页中的壁橱里）。"为了能轻易地变换花样，下装会更多一些。"

起居室放置了 Hike 的原创皮沙发。没有地毯，天然枫木铺就的地板就已经让人感觉很好，心满意足了。

想要享受"没有累赘的生活"
就要用心打造让人留恋的空间

编辑　桥本

桥本　从事视觉文化相关书籍的编辑工作，包括设计、摄影等。大约三年前，购买了建筑年数较短的公寓并进行改建。在东京都内与丈夫、七岁的儿子、三岁的女儿共同生活。

"住在出租房里的那段时间，由于临时居住的感觉太强，所以对生活没有过多的想法。"桥本回想着过去说道。那时，一直在寻找能买下的公寓，没想到比预计花了更多时间，她一直持续着租房生活足足六年。"那时的生活完全不是简单生活。搬家的时候，处理掉很多东西，我发现自己对那些物品其实并没有多留恋，当时感到挺吃惊的。那时正好看到某个博客有一篇题为《对物品选择没有讲究使得日本经济衰退》的文章，读完后突然醒悟到，正是如此啊。"

有了那样的经历，在开始新生活的时候，桥本非常用心地选择了让自己爱不释手、无法舍弃的物品。每一件家具都非常讲究，比如定制的桌子和长凳、与自己身体贴合的椅子、调整过尺寸的小柜子，下单生产的沙发甚至让她等了足足两个月。特别是沙发，因为是真皮制作的，所以价格很高。朋友那里的建议是"还是等孩子们长大再买吧"，但是自己曾经有过不得不处理掉随便挑选的物品的痛苦经验，这一次还是选择购买那些能让自己珍惜并且使用一辈子的东西。支撑生活基调的室内装饰，也尽量选择天然材料的地板和壁纸，尽管简单却能够让人感受到高品质。于是便有了这个东西少但并不乏味而且很有氛围的空间。

搬家三年后，成功地实现了简单生活，让人难以想象家里还有两个小孩。当然，仅仅是换了家，并不能让生活方式实现转变，是她的努力成功维持了这样的简单生活。

"当然，家里还是有乱糟糟的时候。但是，为了在早晨起床以及晚上回家时都能够保持良好心情，会在睡觉前和早上出门前迅速地收拾一下。"夫妇俩都是全职，工作很繁忙，因此平日无法完成的事情就在双休日做。总之，必须不断反复地进行还原。"家里总是保持整洁的话，孩子们也会意识到自己必须进行整理，也会注意不要让东西散乱各处。"亲身体验过简单生活所带来的舒畅心情后，整个家庭的生活习惯都会随之发生巨大的改变。

餐厅的柜子上放着Anglepoise的台灯。儿子学习的时候，可以放在餐桌上；想要读书的时候，就放在沙发边。可以灵活地使用。

法则 1 使用好材料，打造高品质

每天使用的家具以及占据大部分面积的地板和墙面，都精心挑选了
触感良好并且看上去就能感受到韵味的材料，让整体的基调显得很
有品质，能够为清爽简单的空间增添风韵。

非常喜欢那些随着岁月流逝韵味会不断增加的材料，因此沙发选择用真皮制作。尽管没有打造日式房间，但在这个沙发上也能很悠闲。

鞋柜本来打算保持原样，但听取了设计师的意见后更换成了木门。木纹兼具美感和质感，带来截然不同的效果。这是坚持统一风格的成功范例。

地板使用的是枫木原木。从照片上看，原木与合成木材很难分辨，但只要站在那个空间里，就能体会到完全不同的质感。此外，随着时间流逝，木材所拥有的韵味也会增加，这是使用原木的魅力所在。

整个空间东西很少，乍见之下仿佛有些无趣。实际上，一旦踏入，高品质的家具和内装材料，便能让人体会到充满韵味的简洁。柜子是从位于兵库县的 Calanthe 购得。

使用樱桃木制作的桌子和长凳，是向木艺设计师西本良太定制的作品。在收到桌子后，为了让触感更好，还自己动手上了油。

椅子则是来自「柏木」工的作品。首先当然非常喜欢椅子的设计，在样品间试坐后，椅子与身体的那种贴合度让她立刻决定购买。「就好像是专门为日本人的身体设计的。」

起居室的收纳空间。右侧是孩子的衣服和铺盖，左侧角落则是儿子的专用空间。"这里让他自由使用，因为就在起居室，所以整理起来很方便。"更换成延伸至天花板的大型橱门，从设计角度来讲，也非常简单。

法则 2　尽量减少物品，全都收纳进柜子

维持现有的收纳空间，并且决定不另外添置收纳家具。如果平时不注意的话，东西就会越来越多，因此一旦达到收纳空间能够存储的最大量，就不再添置东西。

这是购买的唯一一件收纳家具。当初是想要有一个放置木偶的空间，买来后放了笔记本电脑和药箱。很简单，在无需放置人偶和药箱的季节，也会稍微放点杂货来装整个空间。即便有这样的空间可以存放物品，也绝不随意添加，保持简单生活的样子。

厨房里放在外面的东西，则维持最低限度的必需品内。基本上全部都会收入橱柜内，在外出和就寝前保持这样的状态，已经成为一种习惯。碗具等大多数都是白色，并且控制在一定数量内。选择类似无印良品和 Teema 的器具，这样的话即便打碎了，也能购置齐整。吊柜内始终保留剩余空间。

法则 3
为了起床和回家的那一刻而进行的归位

在生活中，东西变得散乱是理所当然的。但是，只要合理创造出整理的瞬间，每天的心情就会变好，因此，在睡觉前和出门前注意将空间还原吧。

尽管每天都很忙乱，起居室和餐厅的还原还是必不可少。就算外出旅行，也会将房间整理干净才出门。这样一来，到家时心情会非常好。

洗面台的还原是丈夫负责的。细致全面的打扫，敬安排在周末，平日至少要做到将放在台面的东西归回原位，放入橱柜内，这样每天都会有好心情。

法则 4
频繁地邀请朋友来家里玩，保持动力

收拾整理细小散乱的物品对于简单生活是必需的。如果只有家庭成员每天一起生活的话，很容易会产生"啊，好了，算了"这样的情绪，因此可以频繁地邀请朋友来家里，保持整理的动力。

自从搬家后，周末都会邀请朋友来家里做客这已成为习惯。保持简单生活的情绪始终高涨。买了一整块生火腿，半年左右就能跟朋友们一起吃完。拜这个习惯所赐

轻松、省时、减少多余工作
简单生活的魅力不胜枚举

Instagram 人气博主　holon

holon　公司职员，受朋友影响开始在 Instagram 上传自己拍摄的照片，渐渐聚集了众多关注者，已达到三万多人。清爽的室内照片及附加的含蓄话语影响了很多粉丝。Instagram 账号是"holon_"。采访时，她与丈夫、三岁的女儿一起在东京郊外生活。

起居室餐厅的基本配置。家具主要以北欧的
老式家具为主，与无印良品的矮桌搭配使用。

在以共享照片为特征的社交网站 Instagram 上，holon 上传了自己拍摄的简单生活。简单却漂亮的家居照片加上她配的文字，影响了很多人，从她这里获得简单生活"干劲"的人越来越多。

"东西少了，整理起来也就简单了。而且整理干净的话，打扫起来也会很轻松。如果房间里有很多东西，就必须一边打扫，一边挪开。如果之前都收拾整齐，这时就不用进行多余的劳动了。所以，简单其实也跟省时紧密相连。"holon 如此说道。虽然她要兼顾全职工作和照顾孩子等家务，但是因为践行简单的生活方式，所以几乎感受不到来自家务的压力。

"单身的时候，也喜欢收藏东西，完全不是简单生活。但是，丈夫属于一个劲儿扔东西的类型，我大概是受了他的影响。"尽管如此，holon 对于扔东西还是很抗拒，因此，首先要对搬进家的东西加倍注意。例如书和杂志。"因为非常喜欢与改善生活相关的所有东西"，所以有关家务、收纳、室内设计的书、杂志读了很多，但还是会先去图书馆看。在图书馆看完后，就只买那些真正喜欢并且需要的书。其他的则不要立刻做决定，先预留一段时间，直到自己能够充分说明购买的理由时再买。

相反，一旦放手的东西就不再保留。在网上处理闲置品的频率保持在一个月一次。"拖拖拉拉地每天都要做点什么的状态很烦人，因此我会集中起来在同一天进行上传，并且设定在同一天发送物品，这是我的诀窍。只要不是狮子大开口的话，基本都能卖掉。"这样的话，除了"扔掉"，自己也能很好地用自己的方式处理不要的东西，可以毫不勉强地维持简单生活。

在 holon 家里，负责室内装饰的主角是来自北欧的优质复古家具。实际上，当时的想法是，既然不买那么多杂货、餐具、厨房用品，那么就在家具上面做投资吧。家具在整个空间中会占据很大比例，而且始终放在外面，因此更应该买自己喜欢的物件。拥有自己中意的家具，会相应地产生满足感，也就不会为了消除压力去买那些杂货了。"因为东西少，所以移动家具，改变空间的样貌也变成一件轻松的事，随时都能有新鲜感。"

法则 1　频繁改变空间样貌

生活一旦一成不变，就想要增添些新鲜感。这种时候，不会购买用做装饰的杂货，而是移动家具改变空间的样貌。不用花钱就能大幅转变心情，还能顺便打扫，好处多多。

东西很少，因此移动家具也很简单，比如沙发转个九十度，半圆形的餐桌靠墙放置。家具的色调全都是统一的，放在哪里看上去都很协调。

移动家具改变样貌时，有一项法则要注意，那就是不要将家具塞满房间的角落。将角落展露出来，会让房间显得通畅、轻快，看上去很简朴。

法则 2 不随便往家里添东西

给家里添置东西，就意味着东西会越来越多。因此在添置之前要倍加注意，进行控制。只有真正的必需品才带入家里，保持简单的生活。

外套只要三件

因为拥有的衣服太多了，就先从比较容易着手的外套开始控制数量，并由此施行不往家里添东西的法则。外套的牌子分别是 MHL、Unknown、Uniqlo x Theory。

电视选了可以录制素材的款式，不带 DVD 播放器。用一种叫"璧美人"的工具固定在墙上，就省了电视柜。

书和杂志先在图书馆看

有效利用公司到家途中经过的图书馆资源，家里经常会有十本左右图书馆的书。如果想要再深入阅读，才会购买。

花费时间挑选的家具

"在家具选择上特别要深思熟虑。"这张沙发也可以当作床，靠背后面还可以收纳，是非常好的设计。设计师是汉斯·韦格纳（Hans J. Wegner）"

小人偶也简单化

为了能够跟室内装饰的氛围相契合，特意在网上搜索了相配的人偶。最终选择了北海道的三浦木地制作的这组，简单地用木头打造而成，这是关键。

法则 3 挑选物品要有充分的理由

在购买物品时，要仔细斟酌，不要随意添加物件。不要不明所以就买，
而是一定要考虑清楚为什么买这个，让自己能说出确切的理由。

Artek 的凳子，可以坐也可以叠起来，简单却不会让人厌倦，还可以
当作小边桌——选择的理由很明确。

为了能够在拿取自如、整理方便的地方放置日常频繁使用的文具和生
活用品，选择了兼具装饰和实用功能的收纳用具 Uten Silo。

左：很喜欢 waki 的这款保鲜碗，因为能够在微波炉和烤箱中使用，看
得见里面的东西并且可以叠放。右：调味料买的是能够放入冰箱门格
中的小号瓶。这样就不需要再花功夫转装出来，也不需要为剩下来的
调味料特别设置摆放的地方。

左：毛巾选的是吸水性强，且很快就能干的微纤维毛巾。还能减轻洗
衣服的压力。右：选择背包的标准就是要可以平铺、折叠。在收纳时
能够叠放在一起，并且不占空间。包袱布也是可以叠起来的，非常喜欢。

厨房使用的物品，基本上都能够收纳进厨房的配套收纳设备中，靠墙一面不会拼命塞满，水槽和灶台周围摆放的东西也尽量控制在最小范围。

左：餐具就放在水槽下方的三个抽屉中。"与其买很多器具，不如买自己喜欢的家具。因此选择了耐用且品牌历史悠久，值得信赖的产品，基本上都是白色。"中左：锅子的话，单柄锅、双耳锅一大一小、土锅、压力锅，有这五个就足够了。中右：水槽上方的吊柜收纳调味料，并且控制好数量，就没有必要放在料理台上了。右：起居室的矮桌抽屉里收纳孩子的药、体温计、指甲剪、餐巾纸等。

法则 4　物品维持在能够全部收纳的量内

不再另行购买多余的收纳家具，将物品维持在现有的收纳空间能够容纳的数量内。仔细考量物品的用途，注意不要随意增加数量，这样的话，不需要太多收纳家具，现有的东西就能完全派上用场。

笔记本电脑不会一直放在起居室，用完后会放回走廊侧面橱柜的固定位置。要定下规矩，不让东西一直放在起居室里，让大家养成整理的习惯。

玩具的收纳柜也选择了北欧的旧家具，可以一直用下去。衣柜的下半部分可以放置玩具，这样孩子们也能够方便地拿取放回。

法则 5
个人的东西不能一直放在起居室和餐厅

起居室是大家共同休憩的地方，个人使用的东西只有在用的时候可以拿过来，用完后便放回原来的地方，这是家里贯彻始终的法则。总之不能养成随意乱放东西的习惯。

起居室隔壁的房间，铺上床铺便成为卧室。这里的小柜子和衣柜都可以放玩具。孩子们玩完后，可以很方便地立刻将玩具归回原位，起居室便能保持清爽。

"平时洗完的餐具、水壶还是会摆在外面哦"，不过，恢复到现在这种清爽状态的瞬间，心情就会变好。

物品都是黑与白
限定为单色调，保持简单

人气博主 & Instagram 用户　MACKY

MACKY　受到爱好单色调的知名博主影响，开始喜欢单色调的室内装饰。自己的博客也有很多粉丝。Instagram 的账号是 "macky.20"。在兵库县与丈夫、十八岁的女儿、上小学三年级和小学一年级的两个儿子，五个人一起生活。　http://plaza.rakuten.co.jp/monoton/

黑白单色调的室内装饰作为一种风格备受追捧，感觉已经深入人心。黑与白这样明确的对比给人带来强烈的视觉印象，并且由于排除了其他色彩而产生的统一感也让许多人为之着迷。"单色调"这样一个简单的词语，却可以实现优雅、别致、北欧风等各种风格，这也许就是它博得人气的秘密吧。MACKY 的家便是简单的单色调风格。看上去几乎没有生活痕迹的样板房一般的屋子里，可是住着一家五口，甚至还有小学三年级和小学一年级的两个儿子。

"尽管最理想的是一直保持这样没有东西摊在外面的状态，但事实上还是会有各种各样的东西跑出来的时候。"MACKY 说道。不过，听她自己介绍，能够保持这样的简单整洁，诀窍之一便是每天都必须将厨房和起居室认真收拾一遍。如果想着"反正都会乱的"而放弃每天的整理，那么东西便会不断地被放在外面，越积越多。因此，孩子们去上学后，MACKY 便会将所有的东西都归回原位。这样一来，立刻就能发现那些无法放入收纳位置的、多出来的东西，也可以立即进行处理。简单生活绝不能一曝十寒，而是需要每天坚持，这是关键。

法则 1　安排处整理所有物品的时间

只要生活在继续，"总是"干净整洁就是不可能的。即便如此也不放弃，安排出每天整理一次的时间。一旦体味到没有东西散乱的简单感觉，便可以保持"干劲"。

放置在起居室一角的文具。在桌上做事或画画的时候，可以将它们整个放在桌上。最后收拾的时候只需要就这样将盒子归回原位便可。

另外，家具和室内装饰用品也基本上限定为单色，这也让整个空间看上去很简单。有着很多色彩的空间，无论如何看上去都会乱糟糟。色彩越少，看上去当然也就越清爽。除此之外，即便是收进去的生活用品，也基本上选择了黑白单色调的物品，这样的话，就算它们在使用时被取出，放在外面，也不会显得空间很乱。"走在街上，那些色彩缤纷的商店连看都不看，购物方式也变得简单了呢。"MACKY 笑言。充分享受自己最喜欢的单色调生活，其实也跟简单生活紧密相连，这就是 MACKY 的生活方式。

DIY 制作的黑色装饰墙，在木架和胶合板上贴上壁纸。在黑白色调的大日历映衬下，为起居室的风格起到了很好的点缀作用。

法则 2　选择物品，皆为白 × 黑

选择黑白色调物品的最大理由便是"喜欢"。由于排除了其他色彩，
因此不会显得乱糟糟，生活自然变得简单。从日常用品到平时收纳
在柜中的物品，都彻底执行这一法则。

存放纸巾的篮子也统一为黑白色调。除臭剂则用Flying Tiger购买的贴纸装饰为单色。

市场上贩售的洗衣液等洗洁精，则会将标签撕，贴上mon·o·tone购买的标签。这是一家专门销售黑白色调设计品的商店。

宜家购买的艺术用装饰架上，也用黑白色调的物品进行装饰。数字的印刷图案让展示效果显得整洁收敛。

黑白色调的浴巾一共五条。洗脸巾则选用了灰色。共八条。将物品数量减少，并且用到破旧再换新的。

碗碟也只有黑白两个颜色。挑选的是可以用洗碗机清洗的耐用品。「现在还想着处理掉一些有图案的碗碟呢。」

现在自己最喜欢的是孩子房间的这个角落。烫印着「TOY」字样的抽绳包，是为了收纳玩具专门做的。

收纳柜中也是白 × 黑

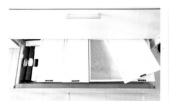

即便是看不到的地方，也绝不偷懒，因为优先考虑的是打开抽屉和柜门时的心情。左：水槽下方的抽屉用来存放食材和米。中：吊柜中的收纳用具都是黑色。右：碗柜中完全没有其他颜色。

法则 3
黑色用以点缀，大面积的空间则选择白色

无论多么中意白与黑的单色调，黑色终究应作为点缀。无法轻易更换的大面积室内装饰，基本上使用白色。黑色的比重较小，带给人们更为简单的印象。

墙壁选择了白色，地板则比较倾向于自然色。整体来讲是白色的空间，将基调限定为白色，便给人简单的印象，黑色也能与整个空间相映衬。

二楼的卧室和孩子的房间也以白色为基调。较之一楼的厨房和起居室，黑色的比例更少，打造成让人能够放松心情、安心睡眠的空间。床上用品和窗帘都是白色的。左边是孩子们的房间，右边是夫妇俩的卧室。孩子房间里的抽屉柜是 MACKY 从十几岁开始一直用到现在的物件，虽然并不完全是白色，但与整个空间非常搭调。

84

左：玩具放在盒子或者纸袋里，可以整体拿出来再放回去。纸质的小手提箱里放的是串珠，文件袋里则存放积木、拼图和素描簿，最后都用纸袋装起来。右：起居室收纳柜的下方，是孩子们的空间。"为了让他们能够多读书，所以选择了这个拿取方便的地方。"

房门及其左右两边收纳柜的门都选用了白色。"虽说都是白色的，但是很可惜没能统一成同样的白色。"MACKY 说道。不过由此可见，白色真的是凸显清爽效果的万能色啊。

法则 4
孩子们的东西收入橱柜时，要规划好动线

为了让孩子们的东西不散乱在四周，应配合孩子们的活动，选择合适的位置预先设计好收纳的地方。良好的动线设计，能够让整理变得轻松，这也是简单生活不可欠缺的。

洗面台也统一为白色，使空间整体给人一种清爽整洁的感觉。这块区域很容易脏，因此地板选择了深灰色，让污渍不那么显眼。

孩子们还小，放学回家会在起居室换衣服，因此起居室日历下方的架子就用来收纳孩子们的外套、运动服和带去学校的物品。就像是学校的存物柜一样，将架子区隔开来，分别存放各自的物品。"因为是和孩子们一起决定在什么地方存放什么东西的，所以孩子们自己也能收拾整理。"孩子们被允许在柜门内侧自由地贴贴纸，这样贴纸就不会"侵入"别的地方了。

让我们来翻包吧！

平时随身携带的物品，也能看出各自对生活的不同想法。

过着简单生活的各位，向我们展示了他们包里的物品。

P10 广濑女士

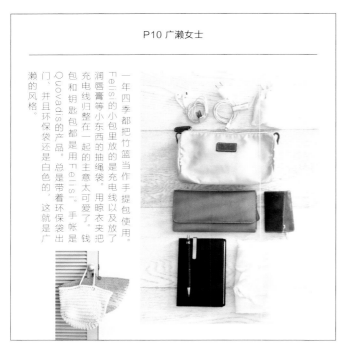

一年四季都把竹篮当作手提包使用。Felisi的小包里放的是充电线以及放了润唇膏等小东西的抽绳袋。用晾衣夹把充电线归整在一起的主意太可爱了。钱包和钥匙包都是用Felisi，手帐是Quovadis的产品。总是带着环保袋出门，并且环保袋还是白色的，这就是广濑的风格。

P16 泷泽女士

二手复古的竹篮上用Mina Perhonen出品的围巾缠绕起来，一方面起到了遮盖的作用，一方面也是一种点缀。Henry Beguelin的皮革钱包因为长时间使用，泛着舒服的光泽。名片夹是Postalco的产品。纸巾包是朋友送的礼物。手帕是亚麻质地的R&D.M.Co.的产品，触感很好。Mina Perhonen的小袋子则用来放些化妆品。

P104 植松女士

根据着装不同，会搭配使用Lanvin的皮包或者藤制的编织包。里面的物品有Marimekko出品的各种口金包。一因为可以一下子全部敞开，用起来很方便。「红色的用来放化妆品，灰色的收纳名片」。黑色的装笔记本和笔。从今年开始习惯随身携带附日历的手帐，用它取代之前的日记。

P80 MACKY

不仅家里是黑白色调，连随身携带的物品也始终如一地贯彻黑白色调。皮包的牌子是Alexander Wang，钱包是Chanel的。毛巾则来自同样喜爱单色调的博主朋友。是其设计经过商品化后的产品。口金包是黑白色调狂热爱好者的朋友亲手制作的礼物。里面放的是香水、眼药水、润唇膏、唇彩等。

Part 3

人气美食家的简单料理和生活

谈到生活，烹饪是不可忽视的
重要环节。不经意间，我们被
过剩的信息和商品包围，离简
单状态越来越远。我们请人气
美食家述说简单料理的味道和
魅力，由此得以窥见与料理相
呼应的简单生活。如果烹饪本身
发生变化，生活也将随之改变。

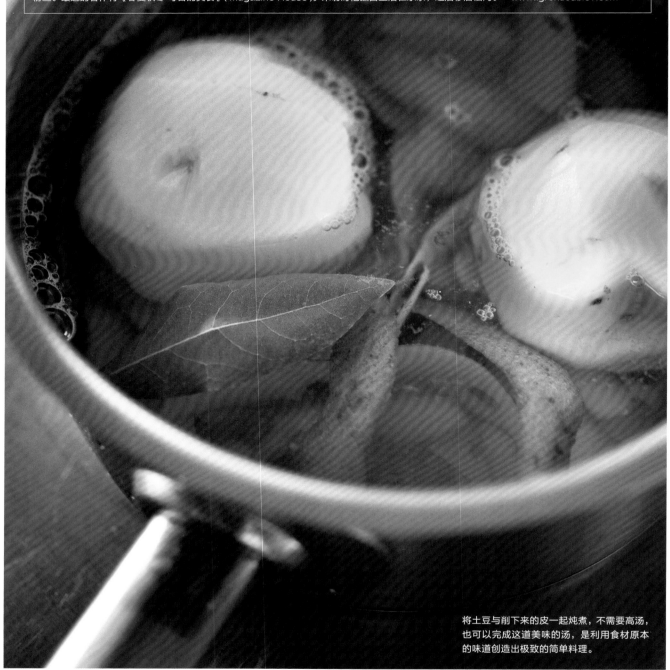

对我而言，简单料理就是
能够品尝到食材原味、纯粹的美味菜肴

美食家　渡边康启

渡边康启　他的料理获得了一致好评，被视为能够瞬间吸引眼球的 、个性强烈的料理。同行业中的摄影师、食物造型师都对他赞誉有加，拥有许多
粉丝。最近的著作有《春夏秋冬 每日的美食》(Magazine House)。采访时他独自生活在东京，之后移居福冈。　www.igrekdoublev.com

将土豆与削下来的皮一起炖煮，不需要高汤，
也可以完成这道美味的汤，是利用食材原本
的味道创造出极致的简单料理。

渡边先生在烹饪过程中，好几次都把脸凑近锅子查看，闻菜肴的香味，这个动作给人留下深刻印象。在锅里放入足量的青菜，再用橄榄油烹煮，全身心集中在锅里，把菜肴的样子和香味的变化牢记心头，这就是他做菜的样子。

"我认为能够纯粹地传递食材美味的菜肴，才是简单料理。"渡边这样说道。只用橄榄油和盐，就能将食材本身的味道和香气充分发挥的"橄榄油煮青菜"（90页）正是渡边先生心中简单料理的代表作。用很少的食材完成的菜肴，美味程度却让人惊叹："真的只放了一种蔬菜吗？"每当这个时候，渡边先生就会觉得"太好了！"。在烹饪青菜之前，让它浸泡在水中充分吸收水分，保持爽脆的口感。正因为是简单料理，所以每个小细节都不能马虎。接下来的每一个步骤都要非常细心，在观察食材变化的同时完成烹饪，这就是渡边式简单料理法。认真尝味道，当然也是烹饪的必要步骤，不过让人吃惊的是，渡边还会尝焯豆子、青菜的汁水。"如果例行公事

法则 1
对食材的味道和菜肴的香气变得敏感

将食材就那样直接炖煮，煮出来的汤汁都要细致地确认味道。烹饪过程中，集中注意力去辨别不断变化的香气。就这样，对味道和香气变得越来越敏感，才有可能创造出简单的美味。

身体微微前倾，凑近锅子的渡边先生。在闻香味的同时，也在捕捉美味的极致状态。

般地烹饪菜肴，会渐渐对食材本身的味道和香气变得迟钝。用清水焯的汤汁中，能够尝到食材的味道。这样一来，每次烹饪这种食材时，才能保持新鲜感，随时都有惊喜。"就这样日积月累，对食材的味道变得越来越敏感，便可以摒除多余之物完成一道简单的菜肴。土豆汤这道简单料理的灵感，便来自品尝焯水汤汁的步骤。"土豆居然有这样的风味，真是令人吃惊。"将削下来的土豆皮一起炖煮，再配上美味的橄榄油，就完成了这道汤。如此简单的做法，却呈现出耐人寻味的滋味，简单料理的深奥之处可见一斑。

说到渡边先生，在料理的色香味，以及菜肴的造型方面已经无需多言，除此之外，他在生活各方面都拥有相当高的审美意识，这点也让他备受关注。他的家可以说是一个充满"渡边主义"的空间，在最细微的地方都能看到渡边所秉持的美学意识。空间里的所有物品，都是渡边先生的心头好，没有半点马虎。"在挑选物品时，是否能够讲述一个动人的故事，恐怕是判断的第一标准，如果无法产生这样的想法就不会选购。有没有对自己撒谎，是不是真的非常喜欢，在做出选择时一定会经过这样的考量。这样一来，东西就不会越来越多。我认为生活一定要变得简单。"

法则 2　尝试简单的烹饪法

将所有食材放入锅中进行蒸煮或者加入食用油炖煮，可以将蔬菜原本的味道发挥出来，首先请尝试这样的简单烹饪法。这样可以了解食材本身的味道，实现料理的简单化。

将足量的蔬菜放入锅中煮，待蔬菜全部煮烂后，可以品尝到与爽脆口感不同的，蔬菜独特的美味和甜味。

只是放入食材、点火这样的步骤，就能成就回味无穷的简单料理。

橄榄油煮绿叶菜

材料（便于烹饪的份量）
青菜（这里使用的是菜花、芹菜）足量（适量）
大蒜 ·· 1 颗
红辣椒 ······································ 1 根
橄榄油 ································ 足量（适量）
盐 ·· 适量

作法
❶ 将足量的青菜放入盆中加水浸泡，让其保持新鲜，再切成容易入口的大小。大蒜对半切开，取出大蒜芽，拍碎。将红辣椒的籽取出后，切成末。

❷ 锅中依次放入大蒜、辣椒，最后铺上青菜。淋上一圈橄榄油，最后洒上一小撮盐并盖上锅盖。点火加热，待油热沸腾后，转至小火，将青菜煮烂。最后用盐调味。

法则 3　挑选美味的调味料

在创作自己的菜谱时，渡边先生始终在寻找让人着迷的调味料，衡量的标准则是要让人觉得烹饪时没有这款调味料绝对不行。即便是简单烹饪法，如果对调味料有所讲究，也会成就出类拔萃的菜肴。

胡椒粒　Marucha

『这款胡椒的香味与其他胡椒截然不同』，有着鲜明强烈的香气，能够明显感受到它的存在。

橄榄油　Stupor Mundi

这款橄榄油有着新鲜的香味，口感醇厚。渡边先生非常中意，甚至在自己的网站上进行销售。

红酒醋　L'estirbell

『明确扎实的酸味，可以直接用于菜肴，与食物一起炖煮后散发的红酒芳醇是它的一大魅力。』

胡椒烩牛肉（☆☆）

材料（便于烹饪的份量）

牛肉（烩煮用）………………………………… 400 克
A ┌ 洋葱 …………………………………………… 1 颗
└ 香芹（带叶）·胡萝卜 ………………… 各 1 根
B ┌ 胡椒粒 ………………………………………… 1 大匙
│ 桂皮 …………………………………………… 1 片
│ 肉桂棒 ………………………………………… 1 根
└ 丁香 …………………………………………… 3 粒
盐·橄榄油·红酒 …………………………… 适量

作法
❶将牛肉切成容易入口的大小。将材料 A 切碎待用。
❷锅中倒入橄榄油并加热，放入 A 和一小撮盐翻炒。将蔬菜炒至快要粘锅时放入牛肉，炒至牛肉变色。
❸放入材料 B，并倒入红酒直至淹没所有食材。煮沸后调至小火，将牛肉炖煮软烂。最后用盐调味。
（☆☆）胡椒味炖菜

土豆汤

材料（2 人份）

土豆 …………………………………………… 2 颗
桂皮 …………………………………………… 1 片
盐·橄榄油 ………………………………… 适量

作法
❶仔细清洗土豆并削皮。
❷在锅中放入土豆、土豆皮、桂皮、一小撮盐，并倒入 450 毫升水。点火加热，煮至沸腾后调至小火，盖上锅盖，直至将土豆炖软。
❸挑出土豆皮，用木勺等工具将土豆稍稍压碎。用盐调味，盛盘。最后淋上橄榄油。

意大利风煮香菇（☆）

材料（便于烹饪的份量）

干香菇 ………………………………………… 90 克
洋葱 …………………………………………… 1 颗
松子 …………………………………………… 20 克
肉桂棒 ………………………………………… 1 根
葡萄干 ………………………………………… 40 克
红酒醋 ………………………………………… 3 大匙
红糖 …………………………………………… 1 大匙半
橄榄油·盐·胡椒粒 ……………………… 适量

作法
❶将干香菇在 700 毫升的水中浸泡一晚后，过滤浸泡的水。去蒂后，切成容易入口的大小。洋葱按纹路切成弓形。将松子翻炒一遍。
❷在锅中加热橄榄油，依次放入洋葱、香菇翻炒。再加入浸泡香菇的水、肉桂、葡萄干、红酒醋 1大匙炖煮，撇除浮沫。用中火炖煮并不时翻搅。汤汁快要收干时，放入松子、2 大匙红酒醋、红糖，最后大火煮开。用盐调味，将胡椒磨碎后洒上少许。
（☆）甜酸口味炖菜

商业用冷藏柜被当作料理台使用。烹饪过程中，用具和材料都不会随便乱放，而是只取出必要的东西，然后就像是流程中的某个步骤一段，用完立刻就收回原本的位置，真的很厉害。

法则 4 边享受"好景致"边烹饪

在渡边先生看来，将厨房收拾整洁与制作简单料理息息相关。东西散乱四周，会让自己无法将注意力集中在烹饪上，味道也就变得凌乱。一眼望过去的环境很重要，如果看见的是美丽的东西，做出来的菜肴也会变得美丽。

水槽上方的灯罩上用 S 型挂钩，将厨房用剪刀和海绵挂在上面。只不过是在必要的地方放置适当的物品，但看上去却像是好好整理过一般井井有条。

在 Lloyd's Antiques 购买的架子。因为放在从厨房一望出去就能看到的地方，收纳时会充分考虑视觉上的美观。

委托建筑家打造的桌子旁，配上了「olix的椅子、菲利普·斯达克（Philipe Starck）设计的简洁椅子、还有一些二手复古椅。虽然没有统一，但却不失美感。渡边先生也是不爱铺地毯的那类人。在帘子后面，设置了收纳空间，电视机也放置在里面。平时也会将这些看不见的地方收拾整齐。

左：架子上方放的大盘子里，会放一些可常温保存的蔬菜和水果。就这样简简单单地放着，看上去颇有艺术感。右：白色的器皿排列整齐的样子真漂亮！因为是频繁使用的物品，所以放在开放式的架子上排好。把颜色统一起来，看上去就不显得乱了。

法则 5　生活＝衣食住，各方面都要全力以赴

衣食住，对任何一方面都没有偏重，竭尽全力收集信息并筛选，以保证东西不会过多，保持自然并简单的生活。其实，真正从心底觉得好，而非"感觉好像不错"的东西，并没有很多。

自己曾经有段时间也会以"标新立异"为准则选衣服，但现在的喜好则是穿舒服的基本款。而且大部分是为了出席展示会才购买的。衬衫是 Ends and Means，牛仔裤来自 Wtaps。另外，Mr.Gentleman 和 Yaeca 也是很喜欢的品牌。

斯蒂芬妮·奎尔（Stephanie Quayle）的这幅陶版画，曾一度错失购买的机会，但最后似乎是被取消了订单，机会又再次降临，如今挂在了渡边先生家的墙壁上。白色墙上就这么单独一幅画，将作品最美的样子呈现了出来。

左：史蒂夫·哈里森（Steve Harrison）制作的器皿，在地震的时候震碎了，请朋友帮忙用金缮工艺进行修复后，反而更有魅力了。右：架子上的装饰物是法国艺术家罗伯特·库特拉斯（Robert Coutelas）的卡片画。热爱艺术的渡边先生，自然地用艺术品装饰整个住宅。

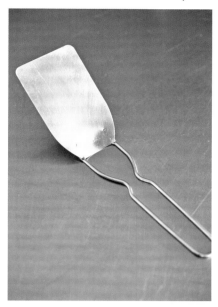

之前一直没有买铲勺，一看到这个又薄又有韧性的好东西，就决定买下，是 La Cucina Felice 的产品。

在 Atlas Antiques 购买的物品。原本是红酒的分酒器，被拿来放餐具洗洁精。

在众多的白色器皿中，最中意的还是 The Conran Shop 原创生产的汤盘。外形美观，无论什么料理都能用它实现漂亮的摆盘。

精选简单的工具

所有东西都会经过反复回味才决定是否购买的渡边先生，对于厨房用具也是如此。每个物件都有明确的选择理由，而且都是些很有型的器具，他为我们介绍了其中一部分。

在布拉格买的银制餐具。"跟不锈钢餐具的使用感完全不同。即便是一个人吃饭，也一定会用银制餐具。"

Fissler 专业系列的锅子，跟铸铁锅一样保温性能好，而且自身重量轻，比较好用。工作时用了这个锅子，深受影响，便一直用到现在。

不锈钢杯子用来放置食材或者配制调味料，可以随意按照需求使用。订购了专用的盖子，还能叠起来摆放。

减少材料和工序，实现简单化
用减法思维多加尝试，本身就充满新鲜感！

美食家　大庭英子

大庭英子　在书刊中频频出现的美食家。从她为数众多的著书便可以了解，她的菜谱多么受信赖。尽管是一些简单的方法，但同样能做出好吃的料理。最近的著作包括《用五种味道来决胜！轻松菜肴》（讲谈社）、《最能做出美味的基本料理》（朝日新闻出版）等。

拥有将近四十年的职业生涯，著书一百多本，面对大庭女士这样的经历，不禁会想，她做的菜肴一定是又复杂又高难度吧。然而事实却恰恰相反，她的料理好像是越来越简单了。

"比如说，比起那些用很多食材烹饪的菜肴，现在更倾向于用一种食材做料理。因为用单种食材烹饪，能够更好地去品尝这个食材的味道，最近招待客人的时候，也是以单种食材烹饪的料理为中心去准备。"这样一来，采购食材也变得轻松了，做准备时的工作量也减少了，也不需要按照食材分别过水、加热等等。"单种食材烹饪的好处和魅力太多了，都想出一本书专门介绍单种食材的烹饪了。"

任何事都不要用力过度或者附加过多，这是大庭女士的又一大信条。调味也是简单地只放盐，不过相应地，必须十分注意盐的用量。即便不买外国料理或者中式料理的调味料这些复杂的东西，只要充分掌握盐的用量，就会有新的发现。"切成大块等改变切菜的方式，也能让菜肴发生变化。"就算不跟着流行一个劲儿买那些新面世的调味料，也能做出与平常不同的味道。

法则 1　保持食材的大块形态，简单地煎烤

平时都会将食材切细，快速翻炒，其实可以试试切得比平时大块些，慢慢地煎烤。这样不仅能够引出食材原本的美味，准备工作也会变轻松。

在这个信息泛滥的时代，也许做尝试太过容易了，关于料理的新产品很容易就增加了很多。但还是从平时家里就有的食材和调味料入手，开始尝试料理吧。从平时的菜单中，尝试着减少一样食材。从这个小处着手，简单的饮食生活就开始了。不要让冰箱和食物储藏柜被并不会使用的调味料和食品塞满，大庭女士的话中充满了如人更接近简单生活的诀窍。

烤卷心菜

材料（3—4人份）

卷心菜	半颗
橄榄油	2—3大匙

（酱汁）

培根	60克
白煮蛋	2个
大蒜	1大瓣
红辣椒	2根
橄榄油	2大匙
西洋芹碎末	3大匙
盐	1/4小匙
胡椒粉	少许

作法

❶不去除卷心菜芯，切成六等分的块状。培根切成5毫米宽大小。白煮蛋和大蒜切碎。红辣椒去籽后，切成小段。

❷在平底锅中放入2—3大匙橄榄油并加热，放入卷心菜，用中火两面各煎烤2—3分钟。盖上锅盖，转至小火再焖煮4—5分钟，盛出装盘。

❸制作酱汁。将平底锅洗净擦干，倒入2大匙橄榄油，放入培根、大蒜小火煎炒。培根炒至酥脆时，放入白煮蛋、西洋芹、红辣椒一起翻炒，用盐和胡椒粉进行调味，淋在的卷心菜上。

法则 2　相信单一食材所拥有的力量

将食材进行组合自然会创造出独特的美味，而用单一食材进行烹饪的简单感和便捷性，也让人着迷。相信食材本身所具有的力量，在菜单上下足工夫。

完全不使用面粉，只要稍微煎烤，就让人迷恋的美味！

炸生鸡蛋！单一食材的终极料理。

煎土豆饼

材料（2—3 人份）

土豆 ·································· 3 颗
盐 ······························· 1/4 小匙
胡椒粉 ····························· 少许
橄榄油 ····························· 2 大匙

作法

❶将土豆去皮后洗净，拭干水分。用切片机切成粗条状（无需漂洗），加上盐、胡椒粉搅拌。

❷在平底锅中放入 1 大匙橄榄油加热，将土豆条放入锅内尽量铺平。用锅铲压平，中火煎烤 4—5 分钟，翻面。在四周倒入剩下的橄榄油，再煎烤 4—5 分钟。切成容易入口的大小，装盘。

面包屑炸鸡蛋

材料（2 人份）

鸡蛋* ······························ 4 个
油炸用油・面包屑 ················· 适量
★请注意需使用新鲜鸡蛋，否则蛋黄容易流出

作法

❶将油炸用油加热至中温（170 摄氏度左右）

❷在稍大的碗中放入足量的面包屑。将鸡蛋打入面包屑中，用两手包住鸡蛋使面包屑沾在鸡蛋上，放入热油中。另一个鸡蛋也同样裹完面包屑后放入热油炸 2—3 分钟，翻面后再炸 1—2 分钟，颜色呈现金黄色即可。其余两个鸡蛋也是同样的做法。

★装盘时可加上卷心菜丝，并浇上酱汁。

色泽、香味煎烤得恰到好处，真正的美味！

蒜香鸡

材料（2人份）

鸡腿肉......................................小块2份
大蒜..1瓣
盐..1/2小匙
胡椒粉......................................少许
橄榄油......................................1/2小匙
黄油..2大匙

作法

❶在鸡腿肉不带皮的一面浅浅地划4—5个口子，两面拍上少许盐和胡椒，大蒜切末备用。

❷在平底锅中放入橄榄油加热，将鸡腿肉带皮部分向下，放入锅中，用中火两面各煎烤3—4分钟，再用小火煎3—4分钟，装盘。

❸不用洗净平底锅，直接放入大蒜、黄油，用小火炒香后，淋在煎好的鸡肉上。

★ 装盘时，添上用香菜和黄油拌的饭以及柠檬。

法则 3　细心体会盐的味道

用盐量为食材重量的 0.6%—1% 才是恰当的。与其使用各种复杂的
调味料，不如先试着依据食材的重量调整用盐量吧。随着食材变化，
一点点地改变用盐量，就像做实验一般乐趣十足！

仅用盐就能将食材本身的味道带出来。
抱着这样的心情，对盐的味道愈加敏感。

可以将材料汇总在一起称重。

即便是有着很长职业生涯的大庭女
士，也必须先进行称重，然后才开
始烹饪。每一种食材都称重确实有
些麻烦，因此可以汇总在一起称
重，调味料的用量也可以据此进行
大概的调整。

处理鱼肉类食材，可以用研
磨器均匀地撒盐。

研磨器不仅在餐桌上用得着，在烹
调中使用也很方便。大庭女士在进
行食材准备时就会用到研磨器。这
样能够均匀地给食材撒盐，味道也
不会有太大的偏差。

盐烤莲藕

材料（2 人份）

莲藕	250 克
橄榄油	2 大匙
盐	1/3 小匙
胡椒粉	少许

作法

❶ 将莲藕带皮削去两端，切成厚约 1.5—2 厘米
大小。用水冲洗后，拭干水分。

❷ 在平底锅中加热橄榄油，将莲藕排列整齐放入
锅中。两面各用中火煎烤 4—5 分钟，在莲藕恰
好开始变色的时候，撒上盐和胡椒粉。

法则 4　从日常菜单中减少食材

平时的固定菜品总是这样、那样，林林总总地放入好多食材。如果突发奇想用减法思维试着减少其中的食材，不仅会对那道菜肴的味道有崭新的发现，同时还丰富了菜单。

简单土豆沙拉

材料（2—3 人份）

土豆（大）	4 颗
法式沙拉酱	3 大匙
蛋黄酱	4 大匙
鲜奶油	3 大匙
盐・胡椒粉・粗颗粒黑胡椒	各少许

作法

❶土豆去皮后切成 6—8 等分，用水冲洗 10 分钟左右。

❷将土豆放入锅中，加水量没过土豆即可。点火加热，煮开后转至小火，盖上锅盖再炖煮 12—15 分钟直至土豆变软。取出并将水滤干后，再放回锅内点火加热，将水分彻底蒸发，使土豆表面呈现粉状。

❸在大碗中放入土豆，趁温度还没下降时，拌入沙拉酱。晾凉后放入蛋黄酱和鲜奶油拌匀，用盐和胡椒粉进行调味。装盘后，撒上少许黑胡椒。

即便没有黄瓜也没有洋葱，
同样能让人细细品尝土豆的美味！

调味料简单就好

对调味料的要求，也贯彻简单料理的原则。大庭女士用的调味料都是附近商店买得到的商品。每次改变调味料，味道很容易产生偏差，而且也会让人们对味道越来越迟钝。做这样的决定，也是出于简单料理的思考方式。

法则 5　选择简单的器具，长期持续使用

"因为要长期使用，所以如果不是简单的样式，很快便会生厌吧。"遵循这样简明的理由进行物品选择，使得大庭家显得清爽、整洁而简单。在这样一种自然朴素的氛围中，微风拂过般的好心情也孕育而生。

将近四十年前，对名牌设计毫不知情的情况下买了Seven Chair。桌子也是在北欧的市集上买到的（制造商不明）。简单的设计不会过时，现在也还一直使用。

左：玻璃橱门会让里面的东西露出来，于是用胶水贴上和纸作为遮帘。这样一来也不会像布料那样软塌塌的，不失为一种简单遮挡"即便瓶中的存货变少'，也不更换玻璃瓶的原因。右：因为工作整体看起来简单的原因。都存放在了同类型的玻璃瓶中，显得整洁清爽。

❶木板是在居家用品中心用800日元购买的山樱木木板。抹上橄榄油作为食物的盛器使用。❷非常喜欢那些能让餐桌产生丰富变化的圆形餐盘。这是Richard Ginori（有边线的那款）以及东京合羽桥买到的商业用餐盘。❸Cole&Mason出品的研磨器，工艺没有那么复杂，使用方便。❹日东纺出品的擦拭巾是多年以来的爱用品：「颜色统一的话，心情就会变好」因此只选红色的擦拭巾。❺油壶则用了整整三十年，都已经破旧得需要修补了。❻这款五合一组合切片器也跟我有四十年的交情了。刀片替换很方便，可以说是万能的了。

过滤淘米水、清洗蔬菜、还能用来装盛菜肴，可以有各种用途的竹笼和竹筐。注重每一个细节打造出来的日本传统物品，使用起来也极为顺手，非常爱用。"日本各个地方还留存着这种优秀的手工艺品，这样想着心情就很好。"挂在墙上，还可以作为一种装饰，真的是万能啊。

捕捉季节性食材最美味的时期
极力打造简单料理

美食家　植松良枝

植松良枝　创造的菜谱能够让人充分感受蔬菜的简单美味。对季节感颇为重视，最近更是以食物为切口，将二十四节气注入日常生活，并对这样的活动进行推广。最近的著作包括《热沙拉》（文化出版局）、《培植的乐趣：香草种植入门》（家之光协会）。　http：// uemassa.com

玉米与鼠尾草拌在一起成为简单的什锦炸物，却有着让人欢呼的美味。"油炸是能让男性和孩子都喜爱的便利烹饪法。"

植松女士在老家的田里自己种植蔬菜，从二十岁开始就对蔬菜及其季节感极为重视。"'旬'以十天为单位计量，每十天便会有相应的变化。仅仅随着季节转变烹饪菜肴，就已经让我几乎没有丝毫闲暇。季节性的食材有着自身的能量，要引出它们的美味，只需稍稍进行烹饪和调味就够了。"因此，植松女士的蔬菜料理变得自然且简单。"不仅是田里的作物，有机蔬菜的商店或者附近的蔬菜直销店也可以利用起来，超市其实也很好。最好的场所售卖的都是季节性的作物。这些作物又美味又有自身的能量，而且还很便宜，所以我觉得不用这些季节性的食材，真是太浪费了。"

买了季节性的蔬菜后要做的便是简单烹饪。其中，"油炸"是植松女士特别推荐、务必试一下的烹饪法。即便是那些平常不太会油炸的食材，如果觉得没有问题，也可以试试看。这次介绍的两道菜，就是这样的例子。食材的味道被紧紧地凝聚在一起，可以充分享受这个季节特有的美味。"使用油炸这种料理方法，哪怕是简单的食材也能变得很丰盛，拿来款待客人会让人很开心。"

随着工作越来越繁忙，生活也逐渐变得越来越简单。在植松女士看来，"物品越多，整理起来也就越麻烦。经常要一边挪东西，一边进行清扫，这样的状态只会让自己越来越难受。"为了维持舒适畅快的生活，要始终有意识地控制物品的数量。另外，如果能够统一物品的材质和色调，就不会有混乱的感觉。"对我而言，唯一觉得买很多也没关系的物品就是食器，对此我不太对自己设限，尽管如此，也还是会给这些物品设定好摆放的地方，我觉得这是没有压力地持续简单生活的诀窍吧。"

法则 1　重视季节感，使用有能量的蔬菜

可以经常准备一些美味又有能量的季节性食材，烹饪的过程注重发挥食材原本的味道，实现简单料理。认真地追随季节的感觉，就没有多余的时间精力去做复杂的料理了。

将拭去水分的四季豆简单地油炸。蔬菜的味道变得更浓厚，是一种新的美味。

"因为是简单料理，请一定撒上好吃的盐享用哦！"植松女士说道。

除了老家田里自己种植的蔬菜以外，还会寻找住家附近的蔬菜直销店，对植松女士而言，寻找好吃的蔬菜是生活中必不可少的。

素炸四季豆

材料（2—3人份）

四季豆 …………………………………… 200 克
油炸用油、盐 ………………………………… 各适量

作法

❶将四季豆两头切除，水分彻底拭干。

❷将油炸用油加热至 180 摄氏度，放入四季豆（四季豆上不沾任何调料），油炸 5—6 分钟。四季豆开始收缩，并且出现油炸的颜色即可。将油滤过后，撒少许盐。

炸玉米粒

材料（4人份）

玉米 …………………………………………… 1 根
鼠尾草 ……………………………… 1 把（约 5 克）
小麦粉 ……………………………………… 1/2 杯
泡打粉（若有）……………………………… 1/3 小匙
油炸用油、盐 …………………………………… 各适量

作法

❶用刀将玉米粒剥离，鼠尾草切成 5 毫米细条。

❷在大碗中放入步骤❶成品、小麦粉、泡打粉，并粗粗地全部搅拌一次。加入 1/4 杯水，稍加混合，使其能够稍微黏连在一起。

❸将油加热至 170 摄氏度，用勺子取一口大小的玉米粒，稍加调整成团状后放入油锅。油炸 4—5 分钟，呈金黄色并松脆即可。将油滤尽后盛盘。

大大的餐桌可是植松家的主角。黄檗木配上利落的铸铁桌脚，充满现代感。

法则 2　让喜欢的自然素材遍布生活各个角落

天然材质的物品，哪怕是不同材质的，彼此之间也能够相互调和，给整个空间带来统一感，这点很棒。即便东西都摊在外面，也不会给人乱糟糟的感觉，这也可以给个高分。

橱柜上摆着竹筐，把盖子打开，包装鲜艳的零食就露了出来。书和笔记本电脑也是用同样的方法收纳起来。竹筐还是在越南买到的。

厨房吊柜的下方特别用原木木板制作了开放式的搁架。简单的搁架不仅增添了天然气息，也让原本容易显得冷硬的厨房变身成温暖的空间。箩筐和曲木箱等用具也是天然材质的物品占绝大多数。

在走廊的墙壁上装了挂钩，打扫卫生用的刷子和清洁衣服用的毛刷等都挂在墙上。每一个都是手工完成的天然材质的物品，本身就非常美丽，可以作为一种装饰吧。

餐厅的餐具柜。同款的碗或者杯垫，经常会一起拿出来使用，因此收纳在同一个竹筐中。在看不见的地方也坚持使用天然材料，这点让人佩服。拿取东西时，心情也会非常好。

法则 3　家具经常翻新维护，持久使用

即便不用某件家具了，也绝不轻易说"再见"，而是依据当下的需要进行翻新，这也是植松女士的坚持。家具的维护费用不低，但是为了能够长久使用，还是在所不惜。

把在之前的家使用的餐桌拆下桌脚，改成了作业台的桌角，桌面则做成了凳子。正因为使用了原木，才可以翻新成各种样式。

同样是之前老家的餐桌桌面，配上铁架，做成了电视柜。还用同样的方式，翻新制作了长凳。

韦格纳设计的这款 Y 型椅，在丈夫的老家用了将近四十年。人工绑上的天然纸纤制的坐垫价值不菲，但是设计造型能够长久使用，又具有亲和感，因此细心维护，非常爱用。

背后的架子是用来放置餐具的。之前使用的是开放式架子，然而还是需要大量的餐具，因此就特别定制，将墙面改造成了收纳餐具的橱柜。

厨房水槽上方的吊柜。为了拿取方便，特意将柜门拆除了。取而代之的是竹筐、越南产的铝锅等等，用来将同类型的东西归纳摆放。这些锅子并非用于烹饪，而是作为收纳用具，将用了一半的大蒜、创可贴等小物收在里面。

法则 4
选用相同的收纳用具，简单立现

收纳用具尽量使用同种物品，不用零乱各异的物件，或者采用材质相似的用品，简单清爽。另外，选择可以堆叠的用具，还能节省空间。

法则 5 特意预设始终空置的地方

有意识地将搁架的某一层保持空置，可以作为烹调中暂时摆放物品的地方，也可以应对物品突然增加的状况。当然，并不会让物品一直放在那里，重要的是让这个地方恢复到空置状态。

上：用来放置储备食物的开放式搁架，用佐渡出产的竹筐进行收纳。竹筐有其本身的韵味，与搁架搭配也非常协调！中：盘子和料理碗则特意购入同种类型，这样一来就可以让人心情愉快地堆叠起来。下：110页主图中上层的竹筐中放置了储存用容器。因为只用了同种类型的容器，大大地节省了空间。

放置餐具的搁架大胆地设置为开放空间。这里基本上不太用做收纳空间，平时会用鲜花进行装饰。烹饪教室授课时，会将盘子集中放置在这里，或者用刚刚购入的器物进行装饰。

厨房背面放置了开放式橱柜。其中两层基本处于空置的状态，在烹饪中可以随意放东西，也可以暂时放一些别人送的食物等等，便于灵活使用。

P88　渡边先生

双肩包是 Ends and Means 出品。手机和钱包可以放在口袋里，包里只放了名片夹和薄荷糖，非常简单。「因为会经常购买大量食材，所以大容量的包是非常必要的。」

P30　柳本女士

环保袋、手帐和化妆包用的都是 Marimekko 的产品。化妆包里归置了笔记用品和化妆品。钱包是 Loewe 的，是父母为了庆祝我独立而送的礼物。钥匙、单词本（正在学习芬兰语）、手机、零钱袋、毛巾等等都放在包里。横式的手提包是 Takahashi Nao 的作品。搭配和服也非常适宜，现在正受到时尚界的追捧，在时尚杂志中经常出现。

让我们来翻包吧！

P22　大内女士

手提袋是自己经营的画廊曾经介绍过的 Midorikaban 的产品，十分喜欢。富有使用感的手帐封套则购于 I Stylers，现在里面套着的是母子手帐。化妆包来自十分喜爱的 Marimekko，已经是第七八个了。钱包是 Kate Spade 的，名片包来自"折叠设计研究所"。关于文库本的封套，可参见 25 页。

P42　青木先生

因为时常需要随身携带正在进行中的设计图纸，青木先生平时爱用的 Porter 包总是沉甸甸的。包里放有 Genten 的名片夹，是皮革小件制作者华顺先生手工制成的皮夹。笔袋是无印良品的产品，用来放牙刷的小袋子来自 Casa Project，手帐则选用了 Hobonichi Planner。包里总是带着卷尺，真是建筑家的风格啊！

Part 4

整理收纳顾问的简单衣柜

可以说，打造简单生活的一大
障碍是衣服的管理。这是让人
深深为之烦恼的问题。为此，
我们向兼为时尚达人的整理收
纳顾问进行咨询。时尚潮流较
之室内装饰，范围更为宽泛，
视角也是形形色色。关于它的
基本管理法和思考方式，要学
的可多了。

以易于穿搭的衣服为主
失败、改进、不断提升

整理收纳顾问　本多 Saori

本多 Saori　在超过四十年房龄的集合住宅中区，拥有一套两居室。"讨厌繁琐的东西，想要尽可能地在生活中保持轻快的心情"，这样规划着，最终实现了简单收纳。著作有《创造便于做家务的房间》（My Navi）、《创造让人想做整理的房间》（Wani Books）等等。在埼玉县与丈夫共同生活。　http://hondasaori.com

起居室兼工作间。沙发周围摆放了休闲物品，工作台旁边则是文件资料，物品的摆设都考虑得十分周到，因此看上去清爽舒适。

入墙式壁橱拉上窗帘，让房间的整体氛围变得轻快。窗帘是在无印良品定制的，大小正合适。

代替日式拉门的样子了。用窗帘取代日式拉门的动线，考虑到换衣服时的动线，在门框上安装了挂钩，专门挂外套，在旁边也设置了挂衣钩等配饰的挂钩，以变得流畅快捷。外出的准备也可以围巾等配饰的挂钩，挂围巾等配饰的挂钩。

因为简单的收纳创意而备受关注的本多女士尽管非常喜欢衣服穿搭，衣柜里却能始终保持清爽紧凑。她的秘密在于，不仅要在收纳上下功夫，衣柜内部的调整组合也很重要。

"买衣服的时候，会选择那些能够提高穿搭率的设计。与自己已有的衣服能够很好地搭配，这也是一大要点哦！"抱持这种态度的她最近正在尝试挑战的是尽量减少穿搭中"核心款式"的衣服数量。将上身、下身各六件，共计十二件衣物作为日常穿着。这些衣服作为"首发阵容"收纳在衣柜外侧，其他的衣服则存放在衣柜靠里的一侧。"这样做之前也曾经想过'就这十二件衣服真的可以吗？'，尝试之后，发现真的没有不够的感觉。经常穿的衣服其实总会偏向某种风格，因此最终会发现自己的衣服类型其实也没有很多。用这些衣服尝试新的穿搭方法，这本身会带来很多乐趣，而且在决定穿哪套衣服上花的时间也缩短了，出门前的准备也相对轻松多了。"而且，随着衣服相对集中，会经常穿戴某一套衣服，这样一来，之后的洗涤熨烫等处理也就相对轻松了，这可是意想不到的"附加值"啊。

另外，在日常的穿搭中有意识地选定属于自己风格的"基本色"，也是让衣柜简单化的有效方法。在确定了相互搭配很好的几种基本色之后，既有的衣服无论如何搭配就都能体现出良好的协调性和个人特色，相应地就能省去很多衣服搭配的烦恼。本多女士的基本色是白色、米色、蓝色和条纹类图案等，基本从这些颜色和花纹中进行挑选，再时不时地挑选一些色彩鲜艳的小配件加以配搭，带来一些跳跃兴奋的感觉。柔柔的粉红，抑或是鲜亮的柠檬黄等，用这样与基本色不同的色调，不动声色地表现季节感，也可以利用这些颜色让脸部显得更明亮。

衣服的材质则主要以棉质或亚麻面料为主，这些材质可以不分季节进行穿搭。"羊毛材质的衣服还是会对穿着的季节有所要求，因此尽量挑选羊毛材质的小物件进行搭配。比如冬天可以叠穿棉质衣服，再搭配羊毛料的长筒袜或围巾来保暖。"

当然，有时候经过深思熟虑挑选了一套衣服后，也会觉得"还是选错了"。这种时候，就要从失败中学习经验。通过这些经历慢慢打造而成的衣柜，现在仍然处于更新状态中。在创造自我风格这件事上，还有很长的路要走吧。

已经决定衬衫和上衣就穿固定的六件，这里是最近购入的衣服。（左起向下依次）蓝色衬衫（无印良品）、条纹花式衬衫（Le Glazik）、横条纹长款上衣（伊势丹）、白衬衫（Nook STORE）、白色针织衫（Evam Eva）、蓝色针织衫（Margaret Howell）。

基本上牛仔裤、黑色长裤和斜纹布裤各一条。在这个基础上，再添置有少许变化的款型。（左起向下依次）牛仔裤（Yaeca）、灰色裤子（Arts&Science）、斜纹布裤（Grandma Mama Daughter）、黑色裤子（Adam et Rope）、白色宽版裤（Chicu+Chicu5/31）、海军蓝背带裤（Atelier Naruse）。

+a　　　　　　　　A+B　　　　　　　+a　　　　　　　　A+B

长款的亚麻外套，让基本款立刻产生不同的印象。多个颜色组合的围巾，着重突出了柠檬黄，这让脸部显得更为明亮。

竖条纹的棉质衬衫与白色亚麻宽版裤搭配。在炎热的天气保持这个基本穿着，天气变凉了，会加上打底衫或打底裤，这样一来这套衣服就能穿三个季节了。

在首选搭配服装的基础上，配以大衣和围巾，强调纵向的线条。十分在意的大腿部分也可以因此得到遮掩。颈部的围巾，可以引导人们的视线向上。

白色的棉针织衫配上灰色的亚麻裤。两件材质都很柔软，因此用皮带加以收拢。鞋子也选择了皮鞋，增加些许紧凑的感觉。

衣服上的标签记载着价格、材质和处理方法等等，是所有信息聚集的宝库。因此都没有扔，好好地保存在笔记本中。还会备注上购买日期和店铺信息，想要再次购买也能够很方便地找到。

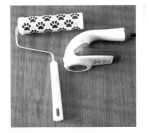

衣服的数量减少了，自然而然地，打理衣服也省力了很多。左：自从开始用电动去毛球器，处理针织类的衣物变得前所未有的轻松。当然，也还是很喜欢用常规的粘毛滚筒。右：衣服换下后，会放在通风处，并将灰尘掸去后放入衣柜。

法则 1
"首选衣服"缩减至十二件

受到畅销书这一形式的影响，"首选衣服"的概念开始普及。作为穿搭的核心，将上下身的件数极力缩减。配合季节变化，每个月都会对所拥有的衣服进行调整。

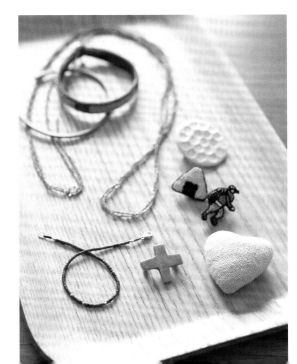

这些小配饰可以为基本款的首选衣服增色添彩，让造型多些变化。本多女士也说道，"现在开始，会慢慢地一点点购入这样的小饰品。"

白色

蓝色 - 深蓝色

点缀色

米色

法则 2　确定好基本色

按照本多女士的经验，穿在身上觉得安心的颜色，就是自己的基本色。
因为选择了相互间协调性很好的几个基本色，在进行衣服搭配时便
很容易做出决定，烦恼也就变少了。

法则 3 选择一年四季都能穿的材质

羊毛材质毛茸茸的裤子或者厚实的针织物，这些衣服的质感尽管富有魅力，但在穿着搭配中更易搭配的还是全棉或者亚麻材质的衣服，能够提升整体"装备"。从春天到秋天就这么一件，到了寒冷的季节还能玩味叠穿的乐趣。

亚麻料过去总是被用来做夏天的衣服，现在经过加厚处理，一年四季都可以穿着。再配上羊毛料的打底裤或者毛茸茸的袜子，不仅可爱，还能很好地防寒保暖。

结实耐用是棉质和亚麻质衣物的一大要点。脏了的话可以简单地用水洗净，而且越洗，织物的手感也会越好，这也可以说是一大魅力。

为了让自己看上去不会显得冷飕飕，会佩戴围巾和手套把自己包裹起来。这些小配件，可以尽情地进行色彩搭配，并会因为突发奇想的配色而乐趣无穷。

法则 4 喜欢的物品会重复购买

内衣和袜子属于消耗品。寻找适合的材质和样子，买到自己真正喜欢的物品就会很安心。一旦发现某个样式正中下怀，就会义无反顾地一直穿戴，穿到破旧后还会购买同样的物品。

袜子「因为会担心没得替换」所以很容易集中起来大量购买。只要放在这样的收纳品中，就能防止无谓地增多。

喜欢的东西会只买固定数量，然后尽情地用旧，这是「不多派」的作风。左：袜子是日本产的F/style和法国产的Bonne Maison，一直很喜欢。两种都是非常柔软的质地，穿着让人心情舒畅。右：白色的打底衫购自无印良品，带有胸垫的内衣则是Prustine的产品，触感极好。

Emi 的时尚穿衣经。从左向右分别是随意外出时的服装、因公事与人会面时的服装、跟孩子去附近公园时的服装，Tomorrowland、Macphee、Urban research 这些品牌的服装居多。

不擅长橱窗购物或试穿
故而逐渐养成了简单风格

整理收纳顾问　OURHOME Emi

Emi 身为生活及整理收纳的顾问积累了许多经验，从这些经验中诞生的合理的收纳创意及生活方式，受到很多人的肯定。同时，她还与公司合作共同开发生活产品。著有《"整理育"，已经开始了哦！》（大和书房）、《孩子们的照片整理术》（Wani Books）等等。目前在兵库县与丈夫、六岁的双胞胎，四个人共同生活。　http://ourhome305.com

Emi 身为整理收纳顾问，一边要做讲座，一边要撰写杂志的连载专栏并出版书籍，另外还要与公司合作开发产品，每天都过得很忙碌。她对时尚的灵敏嗅觉是许多人开始关注她的原因。"因为对橱窗购物和试穿都很不擅长，所以不论是衣服还是室内装饰都自然而然地转向了简单的风格。"

自己还是公司职员的那段时间，相较于自己真正想穿的衣服，更常穿的是为了应对各种场合购置的衣服，六叠大的房间里，被夫妇两人的衣服塞得满满的。自从三十岁辞去工作，便决定对所拥有的衣服进行彻底调整。"像是冒险一般将准备扔掉的衣服整理出来，结果发现大多数都是没怎么穿的廉价品。时尚达人们能够将低价位的品牌和高级品牌相互搭配，打扮得非常有品位，这对我来说实在是太难了。"从那时开始，便将自己的主要选择项集中在了二流、三流品牌，挑选穿着舒适、又与自己相契合的品牌，并长期仅在这些品牌中挑选衣服，这是 Emi 保持简单化衣柜的方法之一。同一品牌的衣服相互之间更容易穿搭，而且很少会失败。

切实地了解适合自己的设计，也是摈弃那些不适宜的衣服的一大良方。Emi 对自己进行了分析，在她看来，比起窄身裙，自己更适合喇叭裙，夹克外套应该选择素色，裤子最好是上半部分比较宽松、裤脚处收拢的款式。"前几天，去做了一次骨骼测试，正如自己的判断，那些衣服从骨骼形态上来讲也很适合自己，也就放心了。对于自己挑选合适的设计没有自信的人，也许也应该去做一下骨骼测试。一旦明白自己适合怎样的设计，就不会迷茫，也不会盲目追随流行了。"

衣服都是收纳在家人共用的衣帽间内。基本上不需要随季节进行摆放调整，衣帽间里的衣物并不是很多，所有衣服都能一目了然。另外，还会拍下每件衣服的照片，进行数据管理。尽管给每件衣服拍照是件苦差事，但是这样一来，不仅可以掌握自己喜欢的颜色和设计，买衣服的时候也能根据照片进行筛选，避免重复购买类似的衣服。此外，穿衣搭配时也变得容易，所以，能够通过这种方式，看到自己拥有的衣服，是很有用处的。"拍摄衣服是件麻烦的事，但这样可以判断自己是否真的喜欢这件衣服，也能通过这个过程，明白哪些衣服其实已经不需要了。我花了大约一个小时的时间，把所有衣服都拍摄了下来。这个最初的步骤确实很花时间，但是接下来关于衣服的所有事情都会变得轻松。"

白色、灰色、原木色，以这些颜色作为基本色调，再添加一些小杂货和绿色植物进行穿插点缀，就是 M3 家的室内装饰风格。衣服搭配也是同样的方式，在基本款上增加些富有趣味的色彩和花纹进行修饰。

法则 1　简单 × 趣味是基本

作为基础款的衣物会限定在简单款式及基本色调内，不选择有花纹的衣物。取而代之的是围巾、针织衫和大耳环等作为"调味品"，享受具有自我风格的时尚。

基本款　　白色、米色、灰色、蓝色是 Emi 的基本色调。因为款式简单，可以任意进行搭配。给每件衣服都拍照，可以再次确认自己的喜好，很有帮助。

趣味单品　　相较于那些很华丽的垂坠式耳环，自己更适合于那些点缀在耳垂上，又有着强烈风格的耳钉。经常会佩戴一些设计略大、有着鲜艳色彩的耳钉。针织衫和围巾作为调节趣味，增加变化的单品，会选择那些色彩和图案丰富的配件。

法则 2　童装一样以简单为基调

和大人一样，孩子的衣服也以简单设计、基本色调为基础。当然，孩子自己喜欢的衣服也不是绝对不能穿，平日也会让孩子穿上自己挑选的衣服，要张弛有度。

小孩子的孩童时代难能可贵，所以平时会让他们尽情享受自己的选择，只有在节假日才会有意识地让他们穿上有家庭感的搭配。"女儿的连衣裙和儿子的裤子只选用同一种面料，不需要完全相同的装束，只要相互之间有着若隐若现的联系就好，这是我们家的穿衣风格。"

工作日的服装由孩子们自行选择。"儿子每天都穿足球队的队服。女儿则会选择色彩更丰富的衣服。不过，只有袜子可以挑选那些印有动漫人物图案的产品。"

左：鞋子如果选择了黑色，不仅平时能穿，冠婚葬祭等正式场合都能穿，因此没有必要准备很多双鞋。中：H&M 的男孩针织衫和打底衫样式简单，女孩子穿也很可爱，非常喜欢。右：很多人都倾向于给孩子购买色彩鲜艳的外套，Emi 家两个孩子的外套都是黑色的。"女儿的这件是在自由集市买的 Hakka Kids，儿子这件是 H&M。"

法则 3 　衣服全部用智能手机进行管理

每件衣服都用手机拍摄下来，创建文件夹进行保存。这样可以一目了然，对于衣服的件数和自己的喜好能够切实把握，防止重复购买类似的衣服，也可以不增加多余的衣服。

不仅自己的衣服，连孩子们的衣服也同样用手机进行管理。这样的拍摄只需要一次，之后尺寸不合的话，就删除数据，再添加新购入的衣服就好。

可以在手机上完整地看到自己的衣服，在外出购买时也会变得轻松。"如果无法做到每一件衣服都拍摄下来，那么试着把衣柜或者抽屉整体拍摄下来，也会有一定的效果。"

法则 4 　挑选能与丈夫共享的物品

Emi 家室内装饰的主题是不论男女都能舒适生活的中性风衣服也同样如此。简单的物件不仅能与丈夫共享，还可以在不添置物品的情况下，实现丰富的搭配变化。

夫妇俩使用的包合计共十六个。其中七个是可以共通享，包的数量无需增加，便可享受搭配变化的乐趣。照片中的包都是两人共同使用的。

左：作为搭配时的点缀，围巾也能共享。Check&Stripe 的羊毛布料进行简单的裁剪变成了围巾（灰色），还有蜜月旅行时，在巴黎买的围巾（彩色竖条纹）等等。右：手表也可以共享使用。黑色那只是 Riki Watch，白色是 MHL 与 G-Shock 的合作款。

法则5　衣柜整体要一览无遗

不在卧室或者某个房间的橱柜中放置衣服，因为这样家里人的衣服就得分散各处。确定将某个房间作为衣帽间，对家里所有人的衣服统一管理。洗衣服后的归置也会变得轻松，也不用随着季节更换摆放位置。

衣帽间的全貌。右侧是丈夫的衣物，左手边靠前是m3的衣物，靠里则摆放了孩子们的衣物。因为用的是铁制架子，如果需要腾出这房间，也可以轻松应对。

左：Emi专用的开放式架子。她将这个架子能够挂的件数，设定为衣服的上限。「因为不太擅长叠衣服，所以基本上都挂在衣架上进行收纳。」右：架子左边是原本就嵌在墙内的衣柜。这里主要存放大衣和较少穿着的衣服。

挂着的衣服下面准备了两个盒子，一个用来放置清洁用品，一个放旧衣服，暂时存放的物品也好好地设置了存放的地方，不让它们散乱在房间里。

孩子们的衣服按照平日和休息日分别管理

家庭衣帽间里，孩子们假日里穿的衣服都挂起来收纳。现在这个位置是父母进行整理的高度，杆子的位置也可以按照需求调低。

孩子们平日穿的衣服收纳在洗面台旁的架子上。位置比较低，因此他们自己可以方便地拿取。架子左右对称，就像是学校的寄物柜一样。每个人的衣服控制在一个箱子能够存放的数量内。

衣柜里挂着的是春季服装。两件横条纹套衫是家居服，左边是当季衣物。其他季节的衣服则归整在右边。围巾可以很大程度改变整体印象，是Linen的必买之物。

购置少量衣物，并每两年进行新旧更替
这是我自创的简单衣柜

整理收纳顾问　Linen

Linen 个人简述参阅 49 页

整理收纳顾问 Linen 的生活样式在 48 页已经有所介绍，她贯彻施行的方法是不要添置那些无法切实把握好数量的东西。家里任意一个收纳空间都是空空的，衣柜里面同样如此。宽度为 180 厘米的衣柜，就连别的季节的衣服一并挂在里面，而且每个衣架之间的空隙有几厘米，简直可以说是空荡荡的。

"我是那种只想穿新衣服的人，三年前买的衣服基本上不太会拿来穿了。因此，我会买少量的衣服，在两年的时间里彻底地穿这几件，然后进行新陈代谢，淘汰旧的衣服，购置新的衣服。"也就是说，在处理这些旧衣服之前，会毫不吝惜地一直反复穿这几件衣服，直到三年后整体更新换代。除了大衣和打底衫，每个季度只要十件衣服便已足够。

在每个季度开始之前，会按照不同场景，比如"收纳教室""与朋友出游""开车兜风"等进行服装搭配，大约每个情景会需要 2—3 套穿搭，这已经成为 Linen 每个季度的例行公事了。这时，会根据需要进行补充购置，不要的衣物会及时处理掉。虽然衣服数量很少，但总是可以将新衣服或者是当下特别喜欢的衣服挂在衣柜里。拜这个习惯所赐，她从来没有陷入"有很多衣服却没有可穿的"的困境，总是能够享受当季时尚的乐趣。

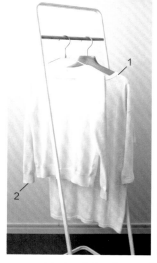
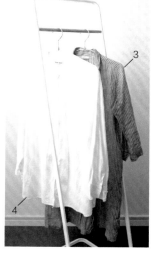

今年春天的衣服共九件。"之前在公司上班的时候，还有套装以及化纤类的衣服，现在就只有自然材质的衣服了。"经常会光顾的品牌店是 Evam Eva、Galerie Vie、Fog、无印良品。处理旧衣服的时候会利用 Brandear、Drop 等二手店的上门收购服务以及一些拍卖网站。

法则 1　一个季度 9—10 件便已足够

三四种场景分别配以两三种搭配方式，就已经够了。每个季度开始前，进行模拟实验，确定需要买的衣服和应该扔掉的衣服。衣服数量虽少，却因为每两年进行一次更新换代，所以始终保持着新鲜感。

法则 2　包只有五个，鞋子仅四双

人只有一双手，两只脚。所以，每次使用的包和鞋子自然只能是一个和一双。拥有很多却无法都用到，就完全没有意义了。所以只会留下那些真正会用的、真正喜欢的，包和鞋子也会按时更新换代。

上："与朋友一起进行休闲午餐"时的穿搭（1+5+8）。因围巾的点缀，而改变了整体感觉。下左："开车出游"时的穿搭（2+6+9）。这套衣服可以充分享受出游的快乐和轻松氛围。下右："整理收纳教室"讲课时的穿搭（2+3+8）。这套衣服穿着活动自如，不过也要注意不能显得邋遢。

出门时穿的鞋子限制在四双。在开放式架子上放着的还有运动鞋、去家附近时穿的拖鞋和雨靴等等。这张照片里的便是所有鞋子了。"因为 Barclay 的鞋子与自己的脚型很合，所以会以这个牌子为中心进行挑选"。

包一共就五个。其他就只有环保袋和旅行包。包袋的数量之少常常让人惊叹"就这点吗？"。这些都是平时在用的包。放入纸袋中并贴上标签，归置在上方的搁架。拿取很方便，也不会出现"忘了自己还有这个包"的情况。

SUKKIRI INTERIOR GA KOKOCHIII SIMPLE KURASHI RULES

Edited by Asahi Shimbun Publications Inc.

Copyright © 2015 Asahi Shimbun Publications Inc.

All rights reserved.

Original Japanese edition published by Asahi Shimbun Publications Inc.

This Simplified Chinese language edition is published by arrangement with

Asahi Shimbun Publications Inc., Tokyo in care of Tuttle-Mori Agency, Inc., Tokyo

through Beijing GW Culture Communications Co., Ltd., Beijing

图书在版编目（CIP）数据

精减物品的简单生活法则 / 日本朝日新闻出版编；
袁璟译. —— 桂林：广西师范大学出版社, 2018.9

　　ISBN 978-7-5598-1096-0

　　Ⅰ.①精… Ⅱ.①日… ②袁… Ⅲ.①家庭生活–基
本知识 Ⅳ.①TS976.3

　　中国版本图书馆CIP数据核字(2018)第185797号

广西师范大学出版社出版发行

　　广西桂林市五里店路9号　邮政编码：541004
　　网址：www.bbtpress.com

出 版 人：张艺兵

全国新华书店经销

发行热线：010-64284815

山东临沂新华印刷物流集团有限责任公司　印刷

开本：889mm×1194mm　1/16

印张：8　字数：52千字

2018年9月第1版　2018年9月第1次印刷

定价：56.00元

如发现印装质量问题，影响阅读，请与出版社发行部门联系调换。

日文版制作团队

編集・文　加藤郷子

取材・構成・文　角野恵子（エルザさん宅）

　　　　　　　本城さつき（滝沢さん宅、柳本さん宅、本多さん宅）

撮影　安部まゆみ（大内さん宅、柳本さん宅、青木さん宅、Linenさん宅、橋本さん宅、本多さん宅）

　　　雨宮秀也（雨宮さん宅）

　　　川井裕一郎（MACKYさん宅）

　　　篠 あゆみ（エルザさん宅）

　　　砂原 文（のこのこママさん宅、広瀬さん宅、holonさん宅、植松さん宅）

　　　仲尾知泰（Emiさん宅）

　　　三村健二（滝沢さん宅、渡辺さん宅、大庭さん宅）

イラスト　タカヒロコ

アートディレクション　knoma

デザイン　石谷香織　鈴木真末子

校正　木串かつこ

企画・編集　朝日新聞出版 生活・文化編集部 端 香里